新觀念伽利略

# 週期表

## 隱藏在元素排列中的法則

人人出版

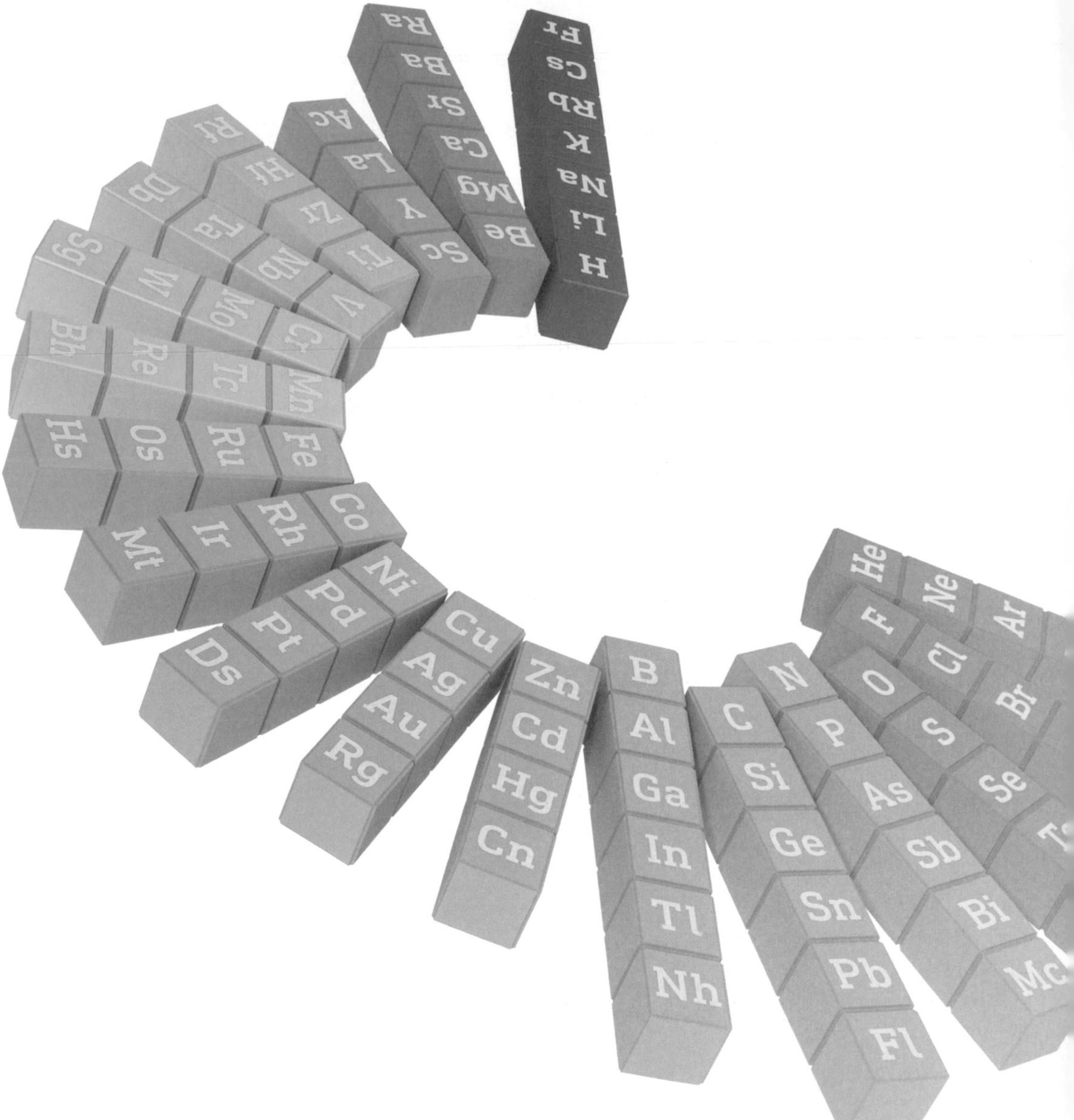

H Li Na K Rb Cs Fr
Be Mg Ca Sr Ba Ra
Sc Y La Ac
Ti Zr Hf Rf
V Nb Ta Db
Cr Mo W Sg
Mn Tc Re Bh
Fe Ru Os Hs
Co Rh Ir Mt
Ni Pd Pt Ds
Cu Ag Au Rg
Zn Cd Hg Cn
B Al Ga In Tl Nh
C Si Ge Sn Pb Fl
N P As Sb Bi Mc
O S Se
F Cl Br
He Ne Ar

# 前言

「週期表」必定會出現在教科書中，是大部分人都見過的表格。

目前，週期表上共羅列著118種「元素」。

元素包括氫、氦、鋰……等，是構成周圍一切物質的基本要素，

而週期表便是將這些元素按照原子核的質子數（原子序）

和化學性質的相似性排列而成的表格。

本書解釋了週期表的起源，以及隱藏於其中的祕密，

並且詳細介紹了如何解讀這個表格。

此外，也針對眾多元素的性質，

將相似的元素歸納在一起並簡單明瞭地進行介紹。

了解週期表，就能更好地理解元素的性質，

而愈是了解，化學就變得愈來愈有趣。

# 1 何謂週期表

## 2 從週期表解讀元素的性質

## 3 從週期表來觀察離子的性質

## 4 占據週期表大部分的金屬元素



## 附錄



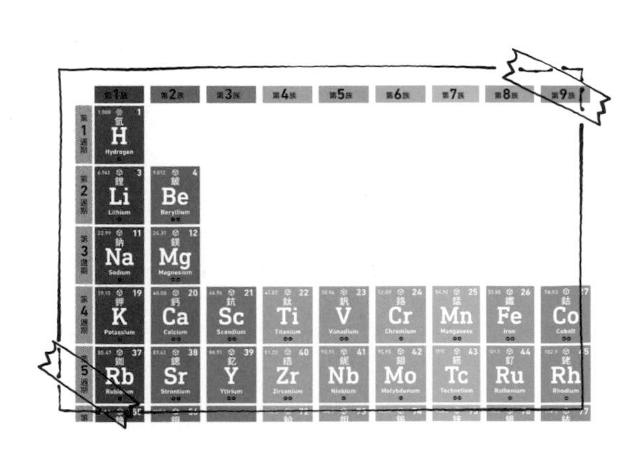

# 1 何謂週期表

目前已知的元素共有118種。要如何巧妙地整理這些元素呢？經過化學家們多年的研究，最終完成的成果就是「週期表」。接下來讓我們一起來了解它的由來。

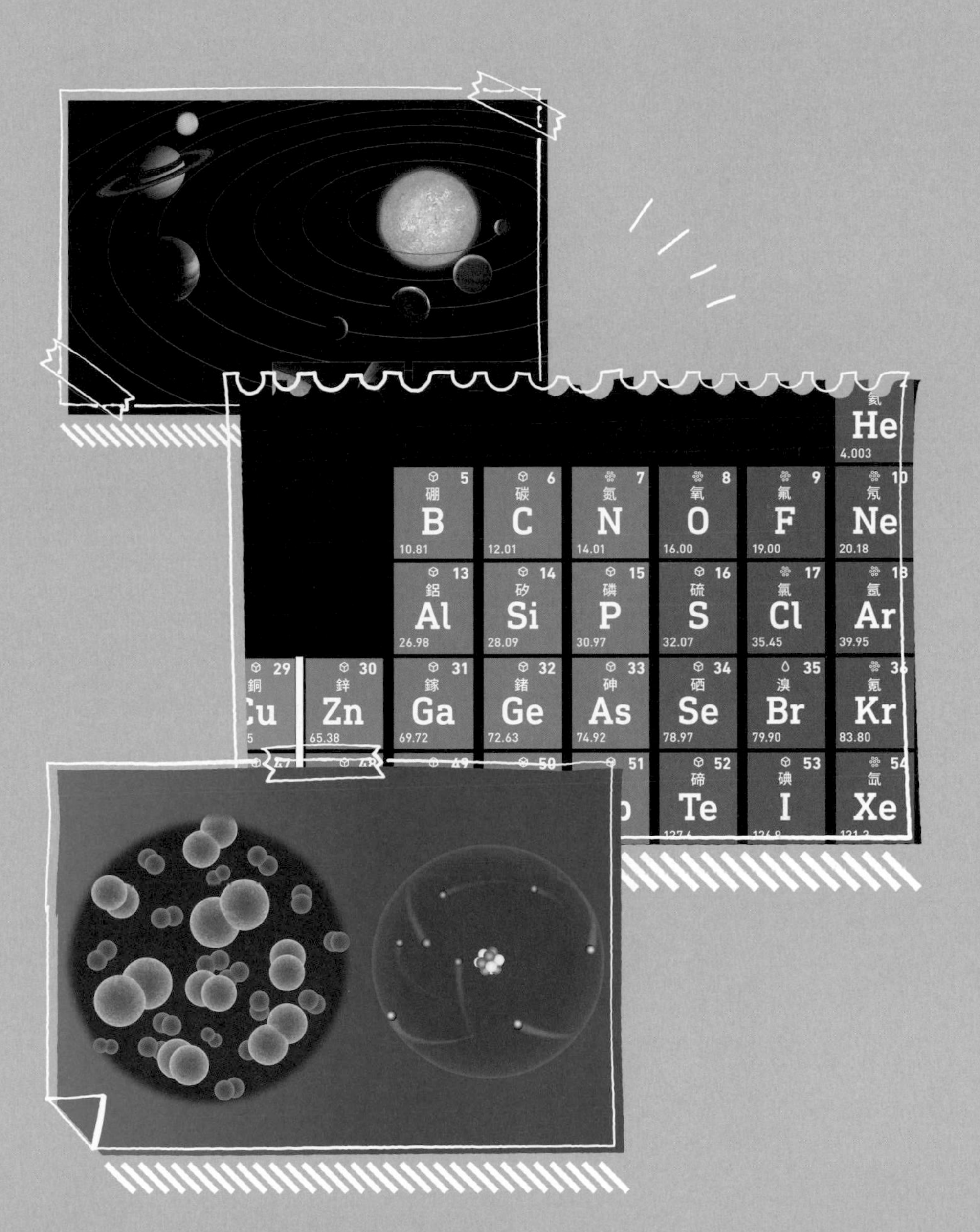

氦
He
4.003
5 硼 B 10.81
6 碳 C 12.01
7 氮 N 14.01
8 氧 O 16.00
9 氟 F 19.00
10 氖 Ne 20.18
13 鋁 Al 26.98
14 矽 Si 28.09
15 磷 P 30.97
16 硫 S 32.07
17 氯 Cl 35.45
氬 Ar 39.95
29 銅
30 鋅 Zn 65.38
31 鎵 Ga 69.72
32 鍺 Ge 72.63
33 砷 As 74.92
34 硒 Se 78.97
35 溴 Br 79.90
氪 Kr 83.80
49
50
51
52 碲 Te
53 碘 I
氙 Xe

何謂週期表

# 包含了118種元素的「最新週期表」

## 週期表中蘊含自然的奧祕

：常溫下為氣體

：常溫下為液體

：常溫下為固體

週期表的閱讀方式

原子序 1
中文名 氫
元素符號 H
原子量 1.008

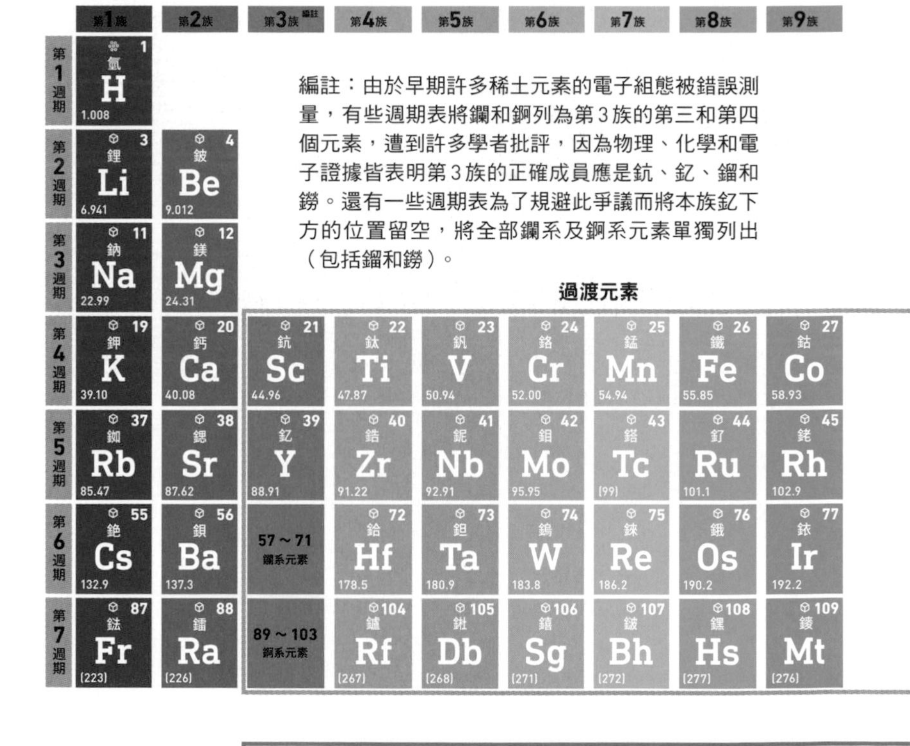


57～71 鑭系元素

57 鑭 La 138.9
58 鈰 Ce 140.1
59 鐠 Pr 140.9
60 釹 Nd 144.2
61 鉕 Pm (145)
62 釤 Sm 150.4

89～103 錒系元素

89 錒 Ac (227)
90 釷 Th 232.0
91 鏷 Pa 231.0
92 鈾 U 238.0
93 錼 Np (237)
94 鈽 Pu (239)

資料來源

原子量：日本化學學會原子量專門委員會於2020年公布的4位數原子量，《理科年表2020年度版》（丸善）

下方的表格是在化學課上經常見到的「週期表」。各方格中央的大型英文字母是「元素符號」，其上方的中文是元素名稱。

從表格的左行到右行，由上列到下列，元素按照編號（各方格上方的小數字稱為「原子序」）的順序排列。

請花一點時間仔細觀察這個「週期表」。實際上，**週期表中隱藏著自然的奧祕，只要掌握了週期表的閱讀方式，我們甚至能推測元素的性質**。

現在，讓我們踏上解讀週期表的宏偉之旅吧！

### 什麼是原子量？

原子量（atomic mass）是指以碳原子的質量為基準（其原子核包含6個質子和6個中子），將其質量設定為「12」時，其他元素的相對質量。（　）中的值表示已確認的同位素質量數（mass number，原子核中質子和中子的總數量）。

註：目前尚不清楚原子序104及之後元素（超重元素，參見第136-137頁）的化學性質。

| 第10族 | 第11族 | 第12族 | 第13族 | 第14族 | 第15族 | 第16族 | 第17族 | 第18族 |
|---|---|---|---|---|---|---|---|---|
| | | | | | | | | 2 氦 He 4.003 |
| | | | 5 硼 B 10.81 | 6 碳 C 12.01 | 7 氮 N 14.01 | 8 氧 O 16.00 | 9 氟 F 19.00 | 10 氖 Ne 20.18 |
| | | | 13 鋁 Al 26.98 | 14 矽 Si 28.09 | 15 磷 P 30.97 | 16 硫 S 32.07 | 17 氯 Cl 35.45 | 18 氬 Ar 39.95 |
| 28 鎳 Ni 58.69 | 29 銅 Cu 63.55 | 30 鋅 Zn 65.38 | 31 鎵 Ga 69.72 | 32 鍺 Ge 72.63 | 33 砷 As 74.92 | 34 硒 Se 78.97 | 35 溴 Br 79.90 | 36 氪 Kr 83.80 |
| 46 鈀 Pd 106.4 | 47 銀 Ag 107.9 | 48 鎘 Cd 112.4 | 49 銦 In 114.8 | 50 錫 Sn 118.7 | 51 銻 Sb 121.8 | 52 碲 Te 127.6 | 53 碘 I 126.9 | 54 氙 Xe 131.3 |
| 78 鉑 Pt 195.1 | 79 金 Au 197.0 | 80 汞 Hg 200.6 | 81 鉈 Tl 204.4 | 82 鉛 Pb 207.2 | 83 鉍 Bi 209.0 | 84 釙 Po (210) | 85 砈 At (210) | 86 氡 Rn (222) |
| 110 鐽 Ds (281) | 111 錀 Rg (280) | 112 鎶 Cn (285) | 113 鉨 Nh (278) | 114 鈇 Fl (289) | 115 鏌 Mc (289) | 116 鉝 Lv (293) | 117 石田 Ts (293) | 118 氣奧 Og (294) |

| | | | | | | | | |
|---|---|---|---|---|---|---|---|---|
| 63 銪 Eu 152.0 | 64 釓 Gd 157.3 | 65 鋱 Tb 158.9 | 66 鏑 Dy 162.5 | 67 鈥 Ho 164.9 | 68 鉺 Er 167.3 | 69 銩 Tm 168.9 | 70 鐿 Yb 173.0 | 71 鎦 Lu 175.0 |
| 95 鋂 Am (243) | 96 鋦 Cm (247) | 97 鉳 Bk (247) | 98 鉲 Cf (252) | 99 鑀 Es (252) | 100 鐨 Fm (257) | 101 鍆 Md (258) | 102 鍩 No (259) | 103 鐒 Lr (262) |

# 一切皆可還原為「元素」

## 宇宙中的星體和我們的身體都是由元素構成

元素指的是構成物質的基本成分，例如水（$H_2O$）是由氫（H）和氧（O）兩種元素組成的。**我們周圍的一切物質都是像這樣，由各種元素的組合所構成**。

週期表是元素的表格。元素的本質是非常微小的粒子，平均直徑約為$10^{-10}$公尺。編註 自然界中的一切都由這些粒子（原子）構成，在遙遠的宇宙中閃耀的太陽和圍繞其運轉的行星也都是由原子構成的。此外，人類以及各種生物的身體都是由「細胞」組成的，而這些細胞也是由原子構成的。

無論在地球上還是其他地方，不論生物或是非生物，所有物質都是由共同的材料 ── 原子構成的。因此，理解羅列了各種元素的週期表將有助於我們理解自然界。

編註：原子直徑並不是一個精確的物理量，在不同的環境下數值會不同。原子直徑完全由環繞的電子雲決定，然而電子雲沒有固定的邊界。目前普遍認為原子像一個球體，直徑約60～600皮米（picometer，$10^{-12}$公尺），在元素週期表中的原子直徑變化有規律可循，會對元素的化學特性造成影響。

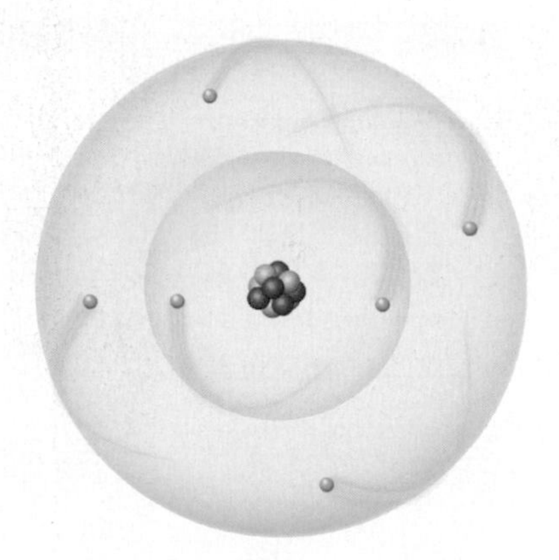

原子

### 元素是構成一切事物的材料

從宇宙中閃耀的恆星與行星，到地球上生存的各種生物體，所有物質都是由原子構成的。原子（元素）是支配自然界的基本要素。

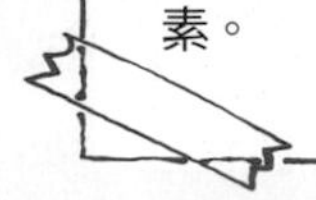

太陽系

地球

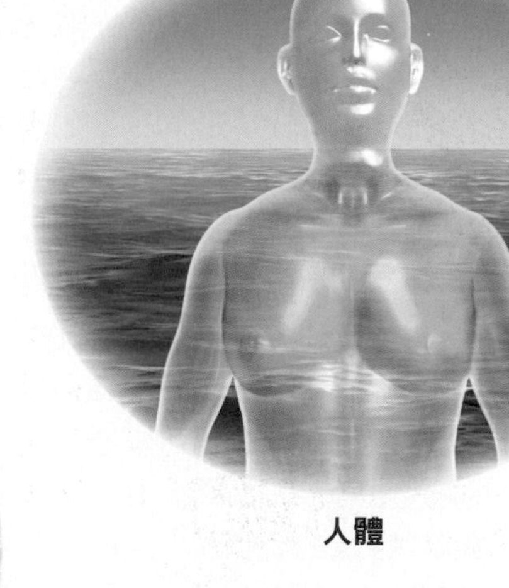

人體

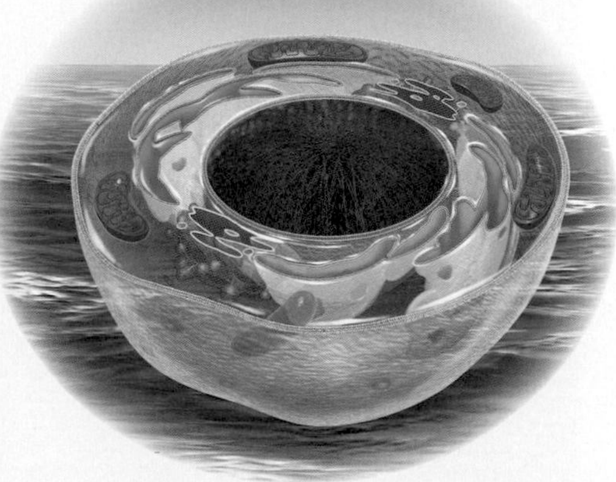

細胞

# 元素們各有獨特的性格？

## 元素的排列似乎存在某些法則

目前週期表上共有118種元素，你可能會想：「元素這麼多，怎麼可能記住每一種元素的性質！」不過你大可放心。**只要以特定方式排列元素，就會發現性質相似的元素排列位置呈現週期律**。

第一個嘗試將元素分組的，是德國化學家德貝萊納（Johann Wolfgang Döbereiner，1780～1849），他將相似的三個元素分為一組，稱為「三元素組」（triad）。

1864年，英國化學家紐蘭茲（John Newlands，1837～1898）發現了化學的「八度律」（law of octaves），當按照重量（原子量）順序排列元素時，每隔8個元素會出現相似性質的元素。「八度」的名稱來自「CDEFGABC」音階中的8度音程。

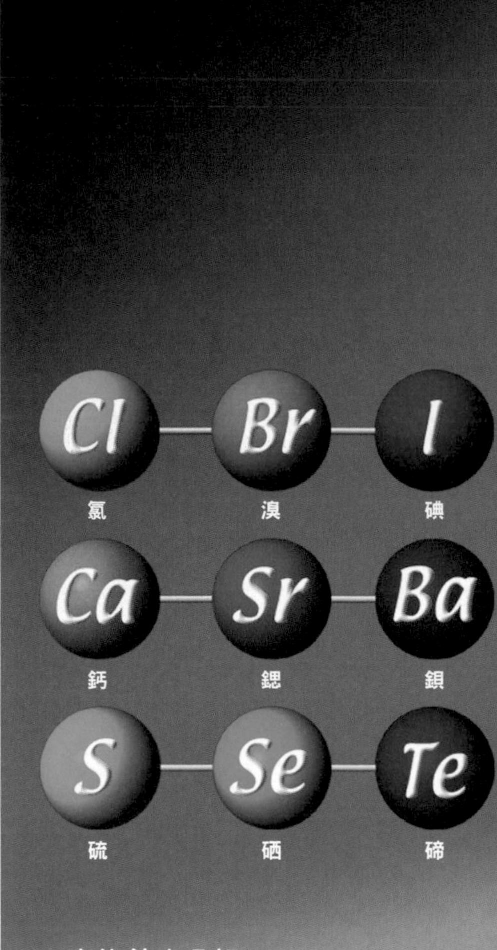


**元素的首次分組**

1829年，德貝萊納一共發現了3組由三個元素一組的相似元素（上圖），他將其稱為「三元素組」。

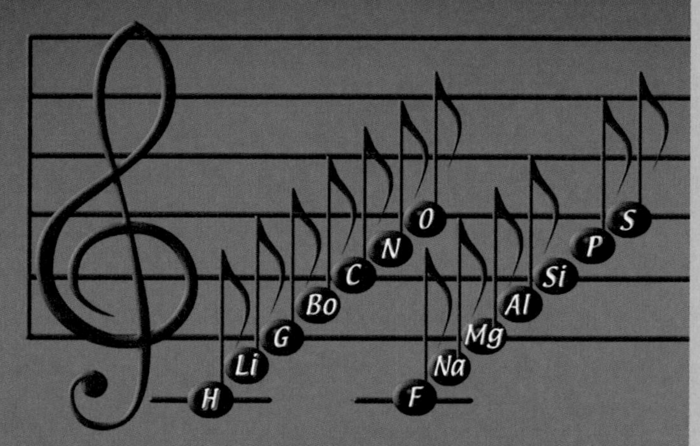


## 將元素視為音符

紐蘭茲提出了「八度律」，也就是第1個元素和第8個元素具有相似的性質這一法則。然而，這個法則對於較重的元素並不適用，因此並未被廣泛接受。圖中的元素符號中，G代表現在的Be（鈹），而Bo代表現在的B（硼）。

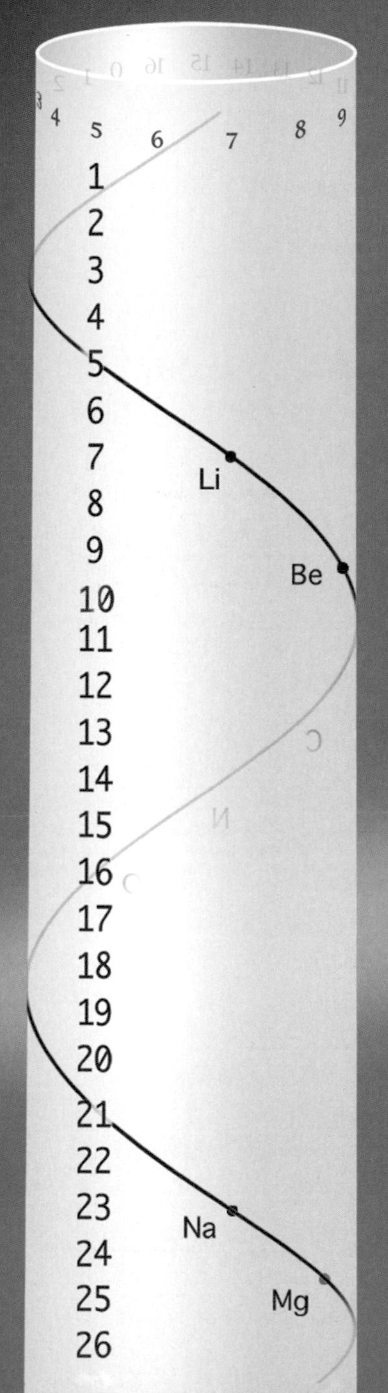


## 將元素以螺旋狀排列

1862年，法國礦物學家尚古多（Alexandre-Emile Béguyer de Chancourtois，1820～1886）提出了「碲螺旋」（telluric helix）[編註]，並指出當元素以螺旋狀排列時，性質相似的元素將垂直排列。然而，這一理論未被大多數人理解。

編註：尚古多在圓柱體上設計了一個螺旋圖，因為該圖的中心元素是碲，因此稱為「碲螺旋」。

# 從卡牌遊戲誕生出「週期表」

## 「最初的」週期表預測了未知的元素

西元1869年，俄羅斯化學家門得列夫（Dmitri Mendeleev，1834～1907）正在撰寫一本化學教科書，並且為如何介紹元素而苦惱不已。當時已經發現的元素共有63種，也知道存在性質相似的元素，然而尚未有人對它們進行整理。

在某個時刻，門得列夫突然間靈機一動，試著用他喜歡的卡牌遊戲的方法來排列元素。他在卡片上寫下元素的名稱和元素的重量（原子量），然後將相似的元素分成組，並在每個組別內按原子量的順序排列元素。在經過多次的重新排序後，最終完成了第一版「週期表」。編註

**門得列夫的週期表厲害之處是，在排列元素時，他將沒有相對應元素的地方保留為空白，並預測那裡將會對應到尚未被發現的元素**。事實上，在他仍在世時共有三種未知元素被發現，分別是「鈧」、「鎵」和「鍺」，正好與他的預言相符。

編註：事實上，門得列夫共花費了二十年研究元素週期律。在他的第一張元素週期表發表後，門得列夫繼續深入研究元素週期律，重新審定了許多元素的原子量，在1868～1872年之間發表了7張以上的週期表。

### 預測了未知元素的原子量和性質

門得列夫在元素週期表中留下了空白（右上表中的「?」），並預言那裡存在著未知的元素。例如，在鈦的下方，他預測了一種叫作「擬矽」的元素（標有*記號），並預言了其原子量、密度和性質。事實上，在那之後人們發現了一種幾乎與預測相符的元素「鍺」。

## 門得列夫創建的週期表

| | I | II | III | IV | V | VI | VII | VIII | | |
|---|---|---|---|---|---|---|---|---|---|---|
| 1 | H =1 | | | | | | | | | |
| 2 | Li =7 | Be =9.4 | B =11 | C =12 | N =14 | O =16 | F =19 | | | |
| 3 | Na =23 | Mg =24 | Al =27.3 | Si =28 | P =31 | S =32 | Cl =35.5 | | | |
| 4 | K =39 | Ca =40 | ? =44 | Ti =48 | V =51 | Cr =52 | Mn =55 | Fe =56 | Co =59 | Ni =59 |
| 5 | Cu =63 | Zn =65 | ? =68 | ?* =72 | As =75 | Se =78 | Br =80 | | | |
| 6 | Rb =85 | Sr =87 | Yt =88 | Zr =90 | Nb =94 | Mo =96 | ? =100 | Ru =104 | Rh =104 | Pd =106 |
| 7 | Ag =108 | Cd =112 | In =113 | Sn =118 | Sb =122 | Te =125 | J =127 | | | |
| 8 | Cs =133 | Ba =137 | Di =138 | Ce =140 | ? | — | ? | — | — | — |
| 9 | — | — | — | — | — | — | — | | | |
| 10 | ? | — | Er =178 | La =180 | Ta =182 | W =184 | — | Os =195 | Ir =197 | Pt =198 |
| 11 | Au =199 | Hg =200 | Tl =204 | Pb =207 | Bi =208 | — | — | | | |
| 12 | ? | — | — | Th =231 | — | U =240 | — | — | — | — |

依據1870年在德國學術雜誌上發表的週期表。

# 隨著新元素的加入，逐漸壯大的週期表

## 本質上與門得列夫的週期表並無不同

### 對門得列夫週期表進行改良的「短週期表」

在門得列夫的週期表中遺漏的是「惰性氣體」家族，例如氖和氬等。在20世紀初創建的短週期表[編註]（下圖）中，它們被放置在週期表的最右側。

編註：早期週期表收錄的元素較少，直行分為9族，其中第1～7族的每族分主族（A）和副族（B），第8族相應於副族，第9族0族（惰性氣體）相應於主族，是目前國際標準週期表18族的一半，稱為「短週期表」，但橫排仍維持第1～7週期。就每一週期所含元素而言，目前國際標準的長週期表中第1～3週期，分別有2、8、8種元素，稱為短週期；第4～5週期各有18種元素，稱為中週期；第6～7週期各有32種元素，稱為長週期。

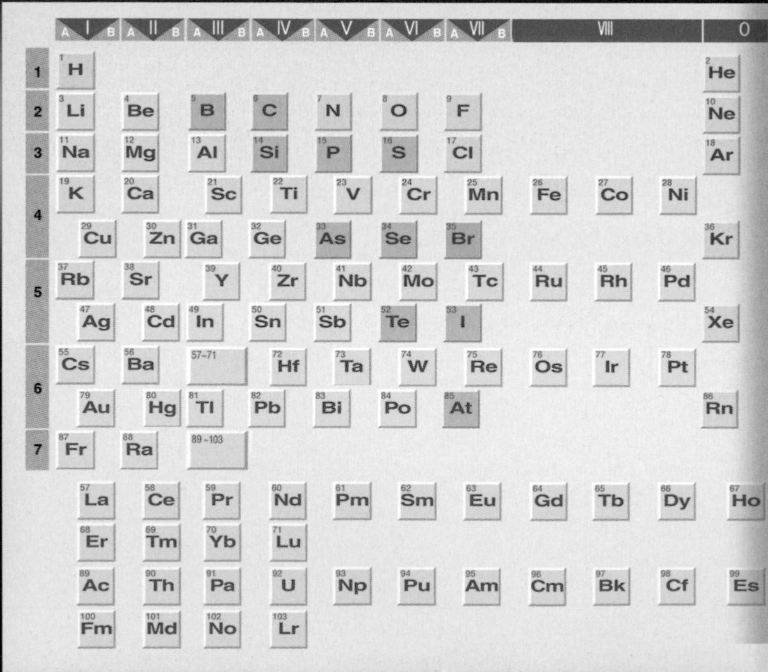

**現**代的週期表已經不再是門得列夫的原始版本，隨著新元素的發現，週期表也進行了各種改良。

例如，在1890年代，氖和氬等元素相繼被發現，這些元素具有當時已知的其他任何元素所不具備的性質。也因為這樣，當時甚至有人主張「門得列夫的週期表是錯誤的」。

然而，透過在週期表中添加新的直行（族），就能將這些元素納入週期表，無需改變門得列夫週期表的基本結構。此後，每當新的元素被發現，就會被添加到週期表中。時至今日，已經發現的元素共有118種。

**現代週期表** 以左側的短週期表為基礎，人們創建了現代的週期表（下圖）。目前的國際標準為長週期表，包括第 1 族至第18族，第 1 週期至第 7 週期，元素則按照「原子序」的順序排列。

非金屬：氣體
液體
固體
金屬：液體
固體
鑭系元素
錒系元素

**具有特殊名稱的「元素群組」**

鹼金屬：氫除外的第 1 族
鹼土金屬：鈹和鎂除外的第 2 族
鹵素：第 17 族
惰性氣體：第 18 族

註：原子序104及之後的元素（超重元素，參見第136-137頁），其化學性質仍然未知。

| 4 | 5 | 6 | 7 | 8 | 9 | 10 | 11 | 12 | 13 | 14 | 15 | 16 | 17 | 18 |
|---|---|---|---|---|---|---|---|---|---|---|---|---|---|---|
| | | | | | | | | | | | | | | 2 He 氦 |
| | | | | | | | | | 5 B 硼 | 6 C 碳 | 7 N 氮 | 8 O 氧 | 9 F 氟 | 10 Ne 氖 |
| | | | | | | | | | 13 Al 鋁 | 14 Si 矽 | 15 P 磷 | 16 S 硫 | 17 Cl 氯 | 18 Ar 氬 |
| 22 Ti 鈦 | 23 V 釩 | 24 Cr 鉻 | 25 Mn 錳 | 26 Fe 鐵 | 27 Co 鈷 | 28 Ni 鎳 | 29 Cu 銅 | 30 Zn 鋅 | 31 Ga 鎵 | 32 Ge 鍺 | 33 As 砷 | 34 Se 硒 | 35 Br 溴 | 36 Kr 氪 |
| 40 Zr 鋯 | 41 Nb 鈮 | 42 Mo 鉬 | 43 Tc 鎝 | 44 Ru 釕 | 45 Rh 銠 | 46 Pd 鈀 | 47 Ag 銀 | 48 Cd 鎘 | 49 In 銦 | 50 Sn 錫 | 51 Sb 銻 | 52 Te 碲 | 53 I 碘 | 54 Xe 氙 |
| 72 Hf 鉿 | 73 Ta 鉭 | 74 W 鎢 | 75 Re 錸 | 76 Os 鋨 | 77 Ir 銥 | 78 Pt 鉑 | 79 Au 金 | 80 Hg 汞 | 81 Tl 鉈 | 82 Pb 鉛 | 83 Bi 鉍 | 84 Po 釙 | 85 At 砈 | 86 Rn 氡 |
| 104 Rf 鑪 | 105 Db 𨧀 | 106 Sg 𨭎 | 107 Bh 𨨏 | 108 Hs 𨭆 | 109 Mt 䥑 | 110 Ds 鐽 | 111 Rg 錀 | 112 Cn 鎶 | 113 Nh 鉨 | 114 Fl 鈇 | 115 Mc 鏌 | 116 Lv 鉝 | 117 Ts 鿬 | 118 Og 鿫 |
| 57 La 鑭 | 58 Ce 鈰 | 59 Pr 鐠 | 60 Nd 釹 | 61 Pm 鉕 | 62 Sm 釤 | 63 Eu 銪 | 64 Gd 釓 | 65 Tb 鋱 | 66 Dy 鏑 | 67 Ho 鈥 | 68 Er 鉺 | 69 Tm 銩 | 70 Yb 鐿 | 71 Lu 鎦 |
| 89 Ac 錒 | 90 Th 釷 | 91 Pa 鏷 | 92 U 鈾 | 93 Np 錼 | 94 Pu 鈽 | 95 Am 鋂 | 96 Cm 鋦 | 97 Bk 鉳 | 98 Cf 鉲 | 99 Es 鑀 | 100 Fm 鐨 | 101 Md 鍆 | 102 No 鍩 | 103 Lr 鐒 |

何謂週期表

# 根據原子中所含的質子數量排列

## 「原子序」指的是質子的個數

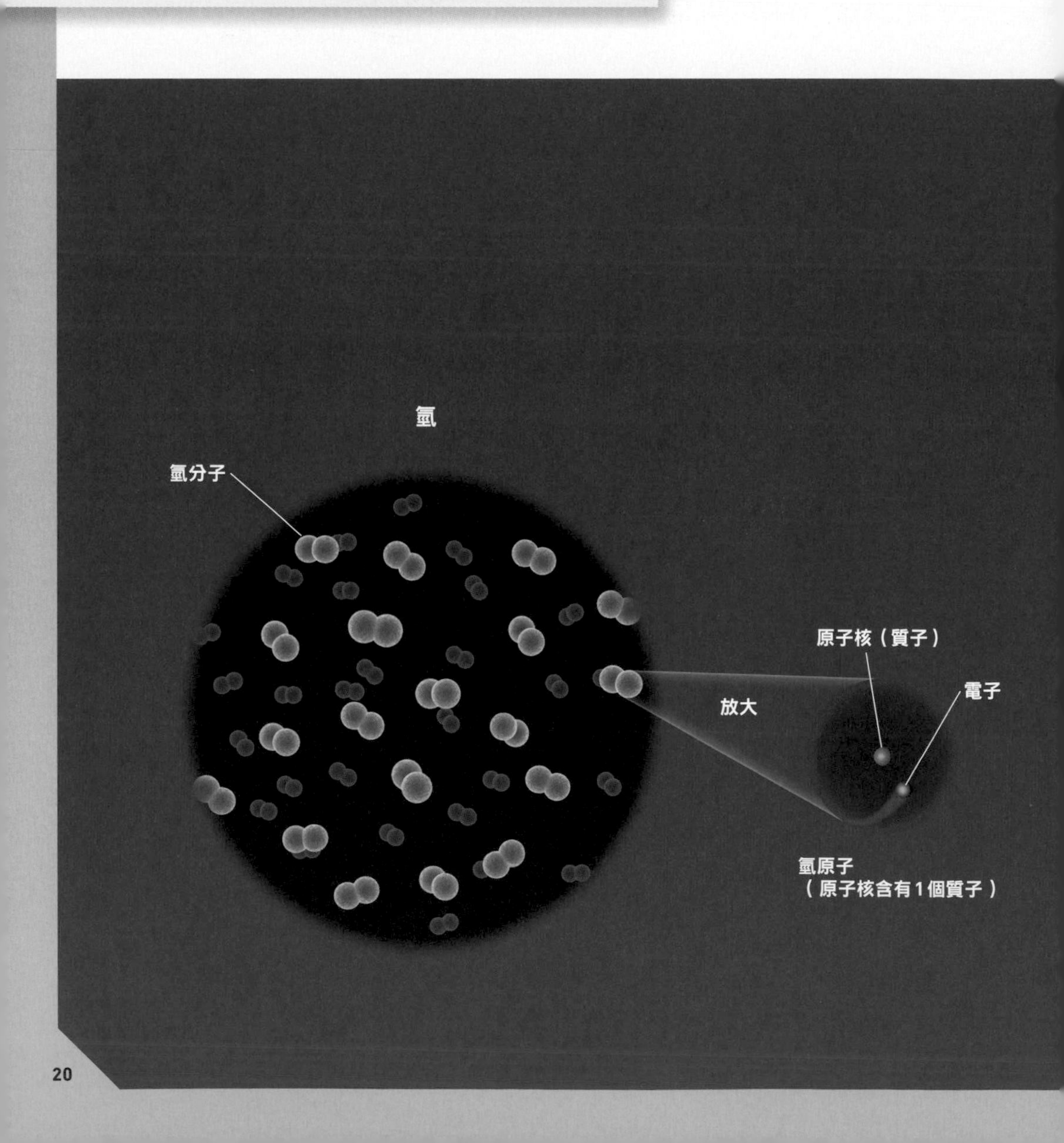

現代週期表與門得列夫的週期表不同，元素是按照「原子序」的順序排列。**原子序是一個表示原子種類（元素）的編號，而原子序愈大，代表元素原子核內的質子數或電荷數愈多**。

進入20世紀後，人們了解到原子是由帶負電的「電子」和帶正電的「原子核」組成。此外，原子核又由帶正電的「質子」和電中性的「中子」組成。

原子核中所含的質子的數量，因原子的種類（元素）而異。因此，**人們將「質子數」作為原子序來使用**。編註

編註：原子序又稱為質子數。一般而言，原子序愈大的元素，質量愈大，但仍有少數例外。例如鎳（原子質量58.69u）比鈷（原子質量58.93u）輕；碘（原子質量126.90u）比碲（原子質量127.60u）輕；但從化學性質上來說，鎳（原子序28）要排在鈷（原子序27）之後；碘（原子序53）要排在碲（原子序52）之後。

### 原子具有固定數量的質子

根據原子的種類（元素），質子的數量是固定的，而這個數值也稱為原子序。例如，氫原子有 1 個質子，氧原子則有 8 個質子。在週期表上，元素按照原子序的順序排列。

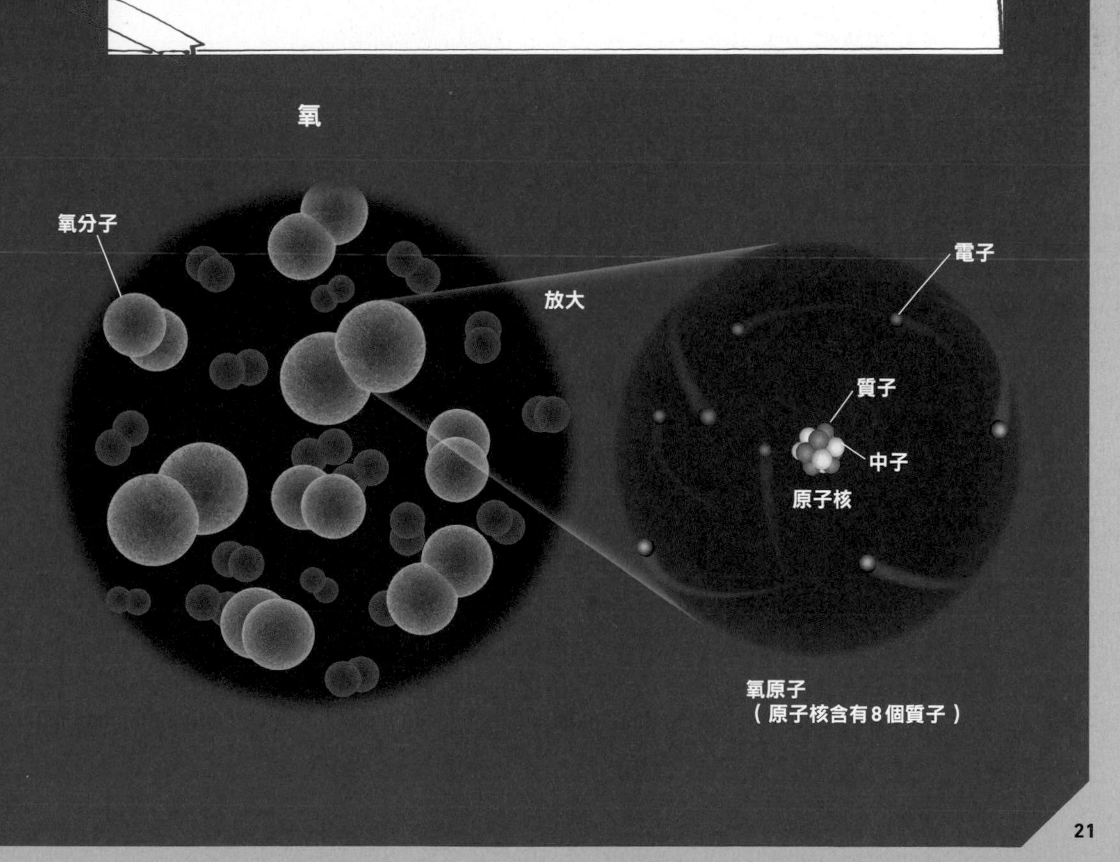

# 為何存在「非整數」的原子量

## 同一元素中存在著重量不同的原子

週期表中常標示著「原子量」，這是表示原子重量的數值。

舉例來說，氖（Ne）的原子由10個質子、10個中子和10個電子組成。由於電子的重量極輕，可以忽略不計，因此**原子的重量基本上等同於原子核的重量**。由於質子和中子的重量幾乎相同，如果1個質子（中子）的重量為「1」，則可預期氖原子的重量應該是「20」。

然而，週期表上的氖的原子量卻是非整數的「20.18」。為什麼呢？原因在於**同一個原子可能存在中子數不同的情況，這些原子稱為「同位素」（isotope）**。編註中子數的不同，導致了原子重量的差異。

每個原子中都以一定的比例存在著重量不同的同位素，而週期表上記錄的原子量是這些同位素的平均重量。

編註：化學元素的同位素會有相同的原子序，但質量數不同。有時會將質量數和原子序分別標示在元素的左上角及左下角，例如$^{16}_{8}O$與$^{18}_{8}O$，因為同一元素的原子序不會改變，有時也會省略左下角的原子序。

氖原子

從空氣中分離的氖氣

### 自然界的氖包含3種不同重量的同位素

將氖原子中的同位素按重量區分排列的結果，如右側所示。其中約90.48%為質量數是20的原子，其他則為2種不同重量的同位素。這些同位素的比例（天然豐度natural abundance）反映在氖原子的平均重量，即氖的原子量（20.18）。

按重量區分排列的原子

質子　10個
中子　10個

氖的同位素1
質 量 數：20
天然豐度：90.48%

質子　10個
中子　11個

氖的同位素2
質 量 數：21
天然豐度：0.27%

質子　10個
中子　12個

氖的同位素3
質 量 數：22
天然豐度：9.25%

# 原子的電子存在於不同的分層中

## 每層能容納的電子數量是固定的

1913年，丹麥物理學家波耳（Niels Bohr，1885～1962）指出，原子中的電子存在於一定的區域，並遵循特定的規則。

根據波耳的理論，電子並非隨意在原子核周圍飛來飛去。電子存在的區域如右圖所示，是分為數層的球狀區域。以氧原子為例，最接近原子核的層有2個電子，往外側一層則有6個電子。

**電子存在的層狀區域稱為「電子殼層」（electron shell）。從最接近原子核的殼層開始命名為K、L、M、N、O、P、Q共7層，愈外層的電子殼層內所能容納的最大電子數（電子容納量）愈多。**編註基本上，電子會從與原子核最接近的內側電子殼層開始逐層填入。然而，從鉀元素（原子序19）開始，部分元素會在內側殼層中留下「空位」，讓電子進入外側殼層。（參見第27頁）

編註：距離原子核第*n*層的電子殼層，可容納最多$2n^2$個電子，稱為極限電子數（maximum number of electrons）。第1～7（K～Q）層的極限電子數分別為2、8、18、32、50、72、98。

將原子上下分割

### 電子在電子殼層的分層中飛來飛去的示意圖

原子中的電子存在於「電子殼層」的分層中。右圖中所示為電子沿著每個電子殼層的表面飛來飛去的景象。

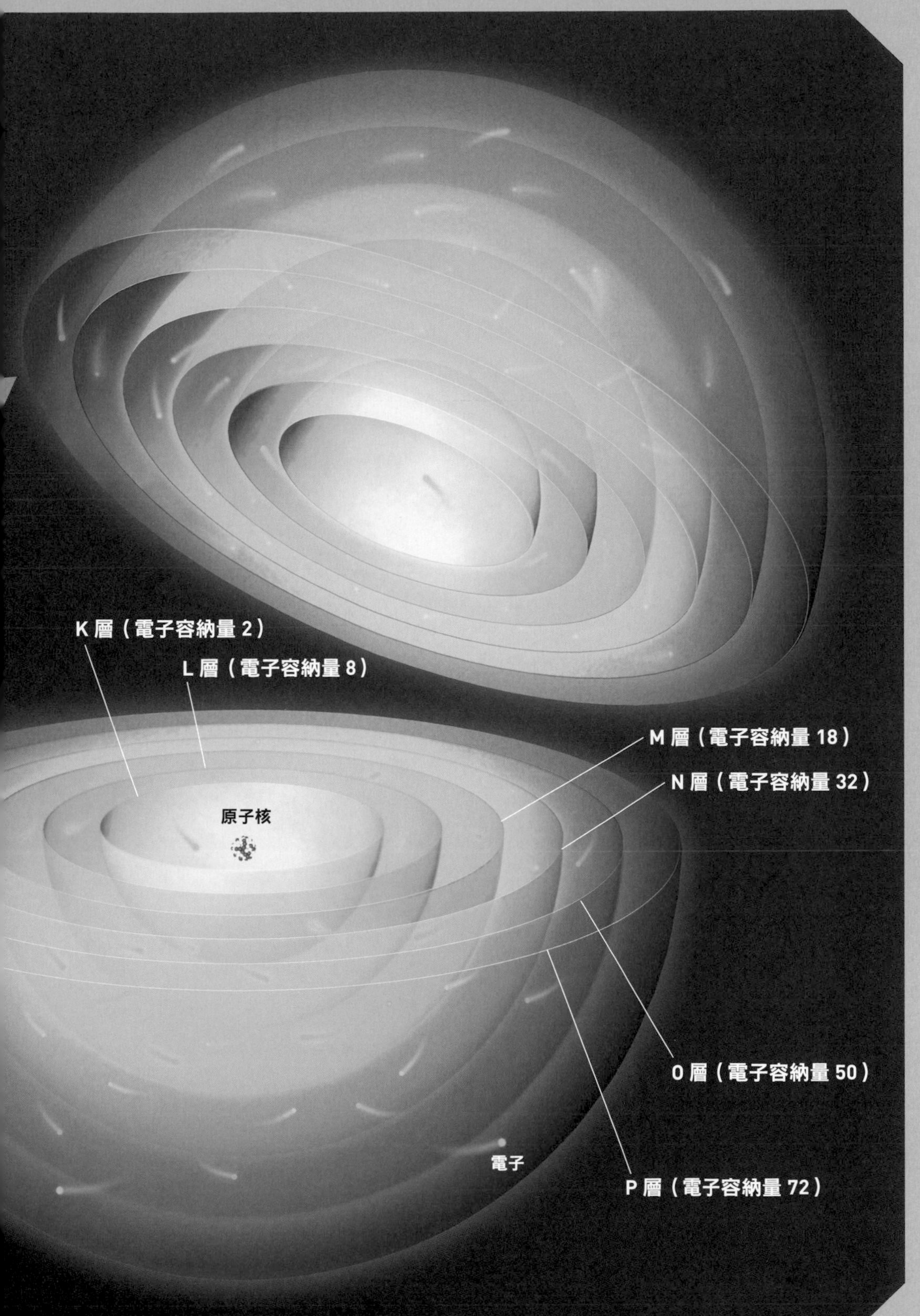
K 層（電子容納量 2）
L 層（電子容納量 8）
M 層（電子容納量 18）
N 層（電子容納量 32）
原子核
O 層（電子容納量 50）
電子
P 層（電子容納量 72）

# 為什麼週期表上半部的元素較少？

## 電子殼層可進一步分為更精細的副殼層

電子殼層還能夠再進一步分為數個稱為「副殼層」（subshell）[編註1]的結構（如圖）。

每個副殼層都有著如「1s軌域」或「2s軌域」的名稱，而每個副殼層可容納的電子數是固定的。由於離原子核愈遠的電子殼層就擁有愈多副殼層，因此能容納的電子總數也愈多。

基本上電子是從最靠近原子核（半徑最小）的副殼層開始填入，一旦某個副殼層的電子容納量達到上限，電子就會進入下一個距離原子核最近的副殼層。

**事實上，週期表中的週期（橫排）與電子填入的最遠的電子殼層（最外側的電子殼層）有關**。第1週期中的元素，電子最遠填入K層，而第2週期為L層，第3週期為M層。

K層的電子容納量是2個，因此第1週期的元素數量是2個；L層的電子容納量是8個，所以第2週期的元素數量是8個。

然而，M層（第3週期）的電子容納量明明是18個，但第3週期卻只有8個元素。這是因為元素會在M層留有可容納電子的「空位」，而先從N層（第4週期）開始填入電子。

以第4週期的第一個元素鉀（K）的19個電子的填入方式（電子配置）為例，在M層的3p軌域被填滿後，剩下的1個電子進入了N層的4s軌域。這是因為相較於M層的3d軌域，N層的4s軌域半徑更小（更接近原子核），多電子原子的一些電子殼層能量範圍會交錯重疊。

當N層的4s軌域填滿2個電子後，電子會再度開始進入M層的3d軌域陸續填滿10個空位。**因為電子殼層的電子存在這樣的「跳層再回填」現象，第4週期的元素數量比第3週期還要多**。

編註1：同一電子殼層中的電子能量有些微差異，根據這些差異可把一個主電子殼層分為1～7個副殼層（s,p,d,f,g,h,i），以副殼層代號前面加上主電子殼層序數（1～7）來標示，例如K層有1個副殼層（1s）；L層有2個副殼層（2s,2p），其中2p又分成$p_z$、$p_x$、$p_y$三個軌域；M～Q層依序有3～7個副殼層。

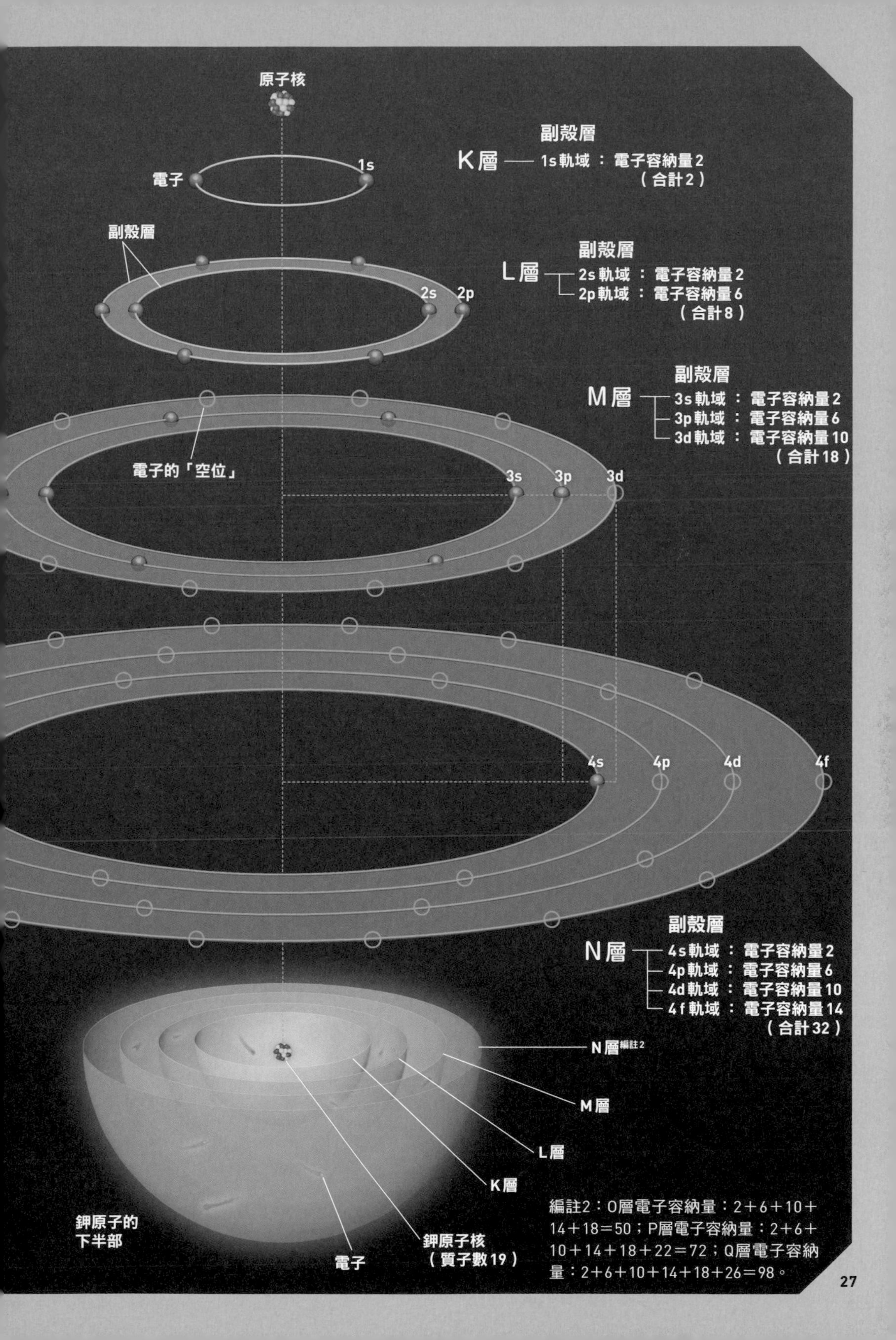


編註2：O層電子容納量：2+6+10+14+18=50；P層電子容納量：2+6+10+14+18+22=72；Q層電子容納量：2+6+10+14+18+26=98。

# 118種元素分別在何時、何地被發現？

## 18～19世紀由歐洲國家占主導地位，20世紀以後則由美國占壓倒性優勢

### 元素的發現國家和年代

下圖將元素的發現國家按年代排列。在不同時代發現元素的國家有所不同，這是由於新元素的發現與各國科技發展有密切關係。

註：在不同年代中，按照元素發現順序由上而下排列。然而，對於發現年份或順序不明確的元素，則按原子序由上而下排列。

1669年，德國的煉金術士布蘭德發現了磷（P），成為人類明確紀錄中最早發現的元素。

1807年，英國化學家戴維（Humphry Davy，1778～1829）透過「電解」法發現了鉀（K）。隨後，他陸續發現了鈉（Na）、鈣（Ca）、鎂（Mg）、鍶（Sr）和鋇（Ba）。

1860年，德國化學家克希何夫（Gustav Kirchhoff，1824～1887）和本生（Robert Bunsen，1811～1899）透過分析「焰色反應」的光波長發現了銫（Cs）。這是首次透過「光譜學」發現元素的例子。

1869年，俄羅斯化學家門得列夫制定了週期表。

古代：C、S、Fe、Cu、Ag、Sn、Au、Hg、Pb

中世紀：Zn、As、Sb、Pt、Bi

中世紀～1759年：P、Co、Ni

1760年～1779年：H、N、Cl、Mn、O、Mo

1780年～1799年：W、Te、U、Zr、Ti、Y、Cr、Be

1800年～1819年：V、Nb、Ta、Rh、Pd、Ce、Os、Ir、K、Na、Ca、B、Mg、Sr、Ba、I、Li、Se、Cd

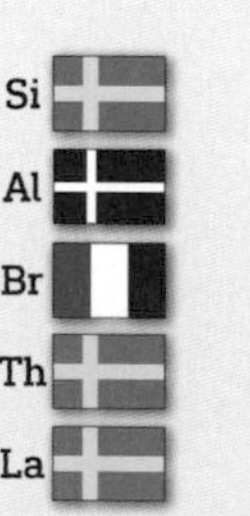


1820年～1839年

1840年～1859：Tb、Er、Ru

目前的週期表一共收錄了118種元素，現在讓我們來探討一下這些元素的發現史。

自古以來被用作農具、武器、裝飾品等的原料的銅（Cu）和鐵（Fe）等元素，實際上的發現地點和時代並不明確。**在現存的紀錄中，最早被發現的元素是1669年發現的磷（P）**。

根據一些文獻的記載，德國的煉金術士布蘭德（Hennig Brand，1630左右～1692）曾經將60桶的尿煮沸，並成功提取出磷。編註

回顧元素的發現史，可以發現幾個重要的「技術革新」發揮了關鍵作用。細節請參考下方的圖表。

編註：布蘭德認為可以用蒸餾法從金黃色的人類尿液提取黃金，因此儲存了大量德國軍人尿液用來實驗。由於尿液富含磷酸鹽，持續加熱後會產生一氧化碳和磷。磷的發現被認為是標記著鍊金術的結束，也標記著化學作為一門科學的開始。

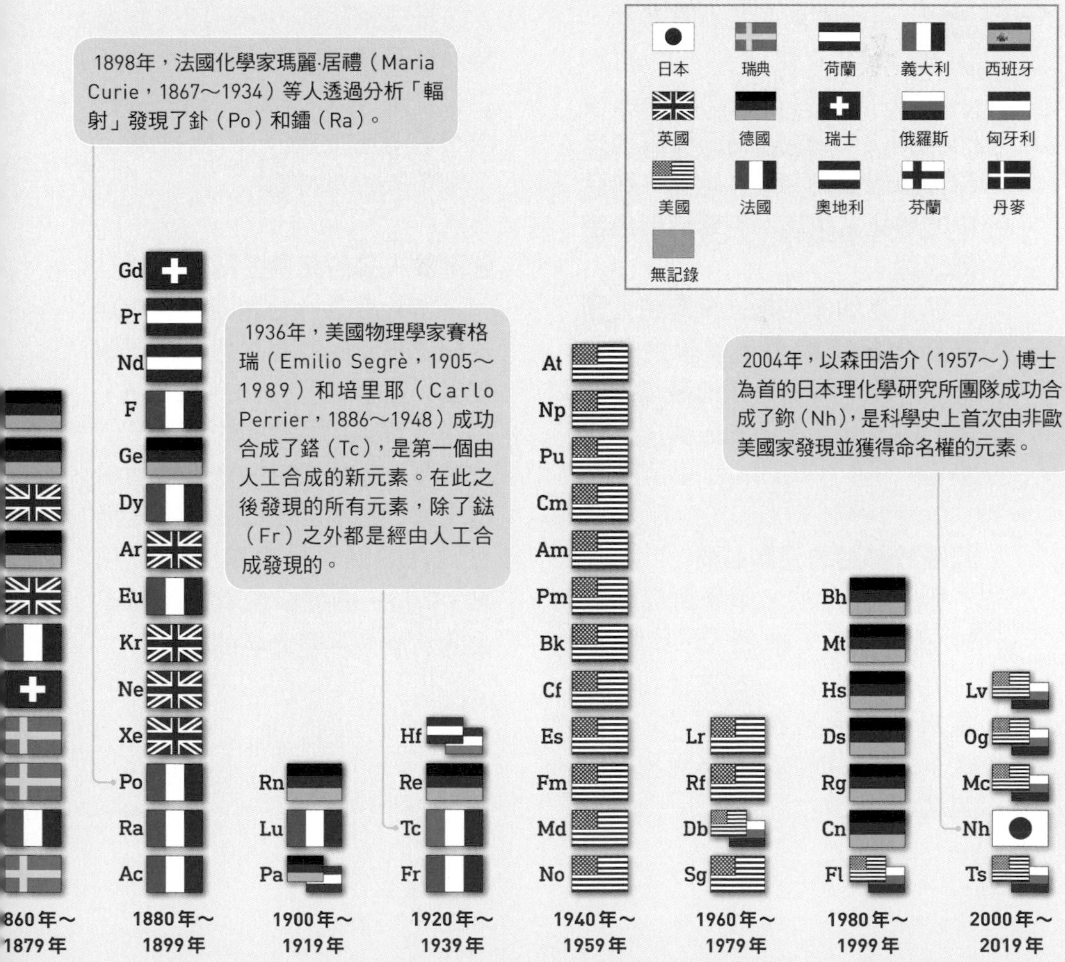

日本　瑞典　荷蘭　義大利　西班牙
英國　德國　瑞士　俄羅斯　匈牙利
美國　法國　奧地利　芬蘭　丹麥
無記錄

1898年，法國化學家瑪麗·居禮（Maria Curie，1867～1934）等人透過分析「輻射」發現了針（Po）和鐳（Ra）。

1936年，美國物理學家賽格瑞（Emilio Segrè，1905～1989）和培里耶（Carlo Perrier，1886～1948）成功合成了鎝（Tc），是第一個由人工合成的新元素。在此之後發現的所有元素，除了鍅（Fr）之外都是經由人工合成發現的。

2004年，以森田浩介（1957～）博士為首的日本理化學研究所團隊成功合成了鉨（Nh），是科學史上首次由非歐美國家發現並獲得命名權的元素。

1880年～1899年：Gd、Pr、Nd、F、Ge、Dy、Ar、Eu、Kr、Ne、Xe、Po、Ra、Ac

1900年～1919年：Rn、Lu、Pa

1920年～1939年：Hf、Re、Tc、Fr

1940年～1959年：At、Np、Pu、Cm、Am、Pm、Bk、Cf、Es、Fm、Md、No

1960年～1979年：Lr、Rf、Db、Sg

1980年～1999年：Bh、Mt、Hs、Ds、Rg、Cn、Fl

2000年～2019年：Lv、Og、Mc、Nh、Ts

860年～1879年

# 起源於神話和人名的元素名稱

## 最初是為了表達對希臘神話或發現者的尊敬而命名

元素的名稱必定有其典故，例如，原子序101的鍆（Mb）取名自週期表的創建者門得列夫。**這118種元素分別來自於科學家的名字、地名、神話中的神祇名稱等，有著形形色色的來源。**

**新元素的命名權通常是由「國際純化學和應用化學聯合會」（IUPAC）授予元素的發現者，**經IUPAC審查提議的名稱後正式命名。

### 起源於神話的元素名稱

鉕（Pm）的名稱源自於希臘神話中的火神普羅米修斯（Prometheus）。根據神話，普羅米修斯從天界偷取了火種並賦予人類，成為地上文明發展的開端。

基於這個故事，將寄望成為人類新能源的核能以「普羅米修斯之火」來象徵。因此，經由鈾的核分裂產生的新元素便被賦予了鉕（Pm）的名稱。

### 起源於人名的元素名稱

人造元素之一的鑀（Es）是為了紀念提出相對論的德國物理學家愛因斯坦（Albert Einstein，1879～1955）而命名的。

許多人造元素的名稱來自著名科學家的名字，但命名時本人仍然健在的例子只有𨭎（Sg）和鿫（Og），兩者都是以發現者本人的名字為基礎命名的。

※：表格自左起，依序為原子序、元素符號、元素名稱、元素名稱的由來以及相應的解釋。

**起源於神話的元素名稱**

| 元素 | | | 元素名稱的由來 | |
|---|---|---|---|---|
| 22 | Ti | 鈦（titanium） | 泰坦（Titan） | 希臘神話中的巨神之一 |
| 23 | V | 釩（vanadium） | 凡娜迪絲（Vanadis） | 北歐神話中愛與美的女神 |
| 41 | Nb | 鈮（niobium） | 妮奧比（Niobe） | 希臘神話中坦塔羅斯的女兒 |
| 61 | Pm | 鉕（promethium） | 普羅米修斯（Prometheus） | 希臘神話中的火神 |
| 73 | Ta | 鉭（tantalum） | 坦塔羅斯（Tantalus） | 希臘神話中主神宙斯之子 |
| 77 | Ir | 銥（Iridium） | 伊莉絲（Iris） | 希臘神話中的虹之女神 |
| 90 | Th | 釷（thorium） | 索爾（Thor） | 北歐神話中的雷神 |

火神普羅米修斯

愛因斯坦

**起源於人名的元素名稱**

| | | | | |
|---|---|---|---|---|
| 62 | Sm | 釤（samarium） | 薩馬爾斯基（Samarsky） | 發現鈮釔礦（samarskite-(Y)） |
| 64 | Gd | 釓（gadolinium） | 加多林（Gadolin） | 發現矽鈹釔礦 |
| 96 | Cm | 鋦（curium） | 居禮夫婦（Curie） | 發現放射性物質 |
| 99 | Es | 鑀（einsteinium） | 愛因斯坦（Einstein） | 提出相對論 |
| 100 | Fm | 鐨（fermium） | 費米（Fermi） | 對核物理學和量子力學有貢獻 |
| 101 | Md | 鍆（mendelevium） | 門得列夫（Mendeleev） | 創建元素週期表 |
| 102 | No | 鍩（nobelium） | 諾貝爾（Nobel） | 發明炸藥 |
| 103 | Lr | 鐒（lawrencium） | 勞倫斯（Lawrence） | 發明迴旋加速器 |
| 104 | Rf | 鑪（rutherfordium） | 拉塞福（Rutherford） | 闡明原子結構 |
| 106 | Sg | 𨭎（seaborgium） | 西博格（Seaborg） | 合成 10 種人造元素 |
| 107 | Bh | 鈹（bnohrium） | 波耳（Bohr） | 對確立量子力學有貢獻 |
| 109 | Mt | 䥑（meitnerium） | 麥特納（Meither） | 發現原子核分裂 |
| 111 | Rg | 錀（roentgenium） | 倫琴（Röntgen） | 發現 X 射線 |
| 112 | Cn | 鎶（copernicium） | 哥白尼（Copernicus） | 提出地動說 |
| 114 | Fl | 鈇（flerovium） | 佛雷洛夫（Flyorov） | 創立聯合核子研究所 |
| 118 | Og | 鿫（oganesson） | 奧加涅相（Oganessian） | 發現原子序 118 的元素 |

# 起源於地名和天體名的元素名稱

## 在伊特比村，從一種礦石中竟然發現了三種元素

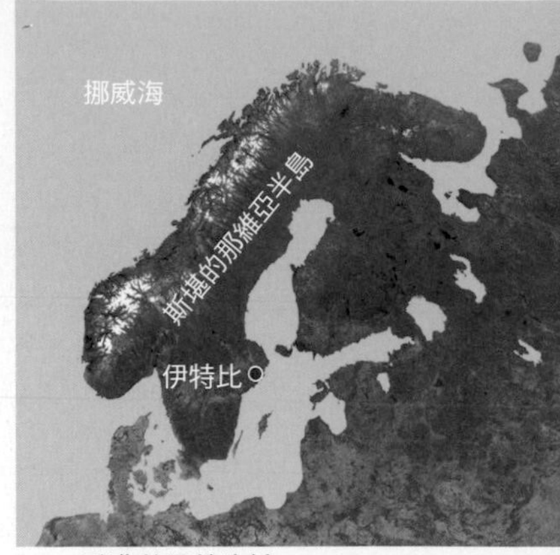

瑞典的伊特比村

接下來要介紹的是根據地名、國名和天體名命名的元素。

**起源於地名、國名的元素名稱**

**釔（Y）、鋱（Tb）、鉺（Er）、鐿（Yb）的名稱源自瑞典村莊「伊特比」（Ytterby）**。

這個村莊出產的黑色礦石（後來被命名為「矽鈹釔礦」[編註]）經過芬蘭化學家加多林（Johan Gadolin，1760～1852）的分析，從中發現了釔的氧化物。

接著，瑞典化學家莫桑德（Carl Mosander，1797～1858）從同一種礦石中發現了鋱和鉺，而瑞士化學家馬利納克（J. C. G. Marignac，1817～1894）從生產自伊特比村的礦物Erbia中發現了鐿。

**值得注意的是，由於這項成就，加多林的名字也成為釓（Gd）名稱的由來**。

**起源於天體名的元素名稱**

**鈾（U）、錼（Np）、鈽（Pu）的名稱是根據太陽系天體命名的**。鈾發現於1789年，而在這的8年前，人們發現了土星外側的另一顆行星「天王星」（Uranus）。為了紀念這個令人難忘的新天體，鈾便以天王星的名字命名。

在1940年發現了原子序93的新元素，而由於原子序92的鈾是以天王星的名字命名，因此它便以「海王星」（Neptunus）來命名。同樣地，原子序94的鈽則是以海王星外側的一顆星體「冥王星」（Pluto）為名。原子序92至94的所有元素，是根據太陽系天體的排列順序來命名的。

編註：矽鈹釔礦（Ytterite或Gadolinite）以伊特比村名及釔的發現者加多林命名，除了釔、鋱、鉺3種元素之外，後來又陸續從矽鈹釔礦石中發現了鈧（Sc）鈥（Ho）、銩（Tm）3種元素。

※：利佛摩（Livermore）的名稱來自該地區的地主之名，同時也是發現鉝（Lv）元素的美國勞倫斯利佛摩國家實驗室（LLNL）的名字由來。

## 起源於地名、國名的元素名稱

| 元素（括號內是英文或拉丁文名稱） | | | 元素名稱的由來 | |
|---|---|---|---|---|
| 21 | Sc | 鈧（scandium） | 斯堪迪亞（scandia） | 「斯堪的那維亞」的古名 |
| 29 | Cu | 銅（copper） | 賽普勒斯島（Cyprus，拉丁文 Cuprum） | 地中海島嶼，古代的銅產地 |
| 31 | Ga | 鎵（gallium） | 高盧（Gallia） | 「法國」的拉丁名 |
| 32 | Ge | 鍺（germanium） | 日耳曼尼亞（Germania） | 「德國」的古稱 |
| 38 | Sr | 鍶（strontium） | 斯壯蒂安（Strontian） | 蘇格蘭的村莊 |
| 39 | Y | 釔（yttrium） | 伊特比（Ytterby） | 瑞典的村莊 |
| 44 | Ru | 釕（ruthenium） | 羅塞尼亞（Ruthenia） | 中世紀俄羅斯地區的拉丁名 |
| 63 | Eu | 銪（europium） | 歐洲（Europe） | 世界七大洲之一 |
| 65 | Tb | 鋱（terbium） | 伊特比（Ytterby） | 瑞典的村莊 |
| 67 | Ho | 鈥（holmium） | 霍米亞（Holmia） | 「斯德哥爾摩」的拉丁名 |
| 68 | Er | 鉺（erbium） | 伊特比（Ytterby） | 瑞典的村莊 |
| 69 | Tm | 銩（thulium） | 圖勒（Thule） | 歐洲傳說中的極北之地 |
| 70 | Yb | 鐿（ytterbium） | 伊特比（Ytterby） | 瑞典的村莊 |
| 71 | Lu | 鎦（lutetium） | 盧泰西亞（Lutetia） | 「巴黎」的拉丁古名 |
| 72 | Hf | 鉿（hafnium） | 哈夫尼亞（Hafnia） | 「哥本哈根」的拉丁名 |
| 75 | Re | 錸（rhenium） | 萊納斯（Rhenus） | 「萊茵河」的拉丁名 |
| 84 | Po | 釙（polonium） | 波洛尼亞（Polonia） | 「波蘭」的拉丁名 |
| 87 | Fr | 鍅（francium） | 法國（France） | 國名 |
| 95 | Am | 鋂（americium） | 美洲大陸（Americas） | 大陸名 |
| 97 | Bk | 鉳（berkelium） | 柏克萊（Berkeley） | 美國的城市 |
| 98 | Cf | 鉲（californium） | 加州（California） | 美國的州名 |
| 105 | Db | 𨧀（dubnium） | 杜布納（Dubna） | 俄羅斯的城市 |
| 108 | Hs | 𨭆（Hassium） | 黑森邦（Hassia） | 德國黑森州的拉丁名 |
| 110 | Ds | 鐽（darmstadtium） | 達姆施塔特（Darmstadt） | 德國的城市 |
| 113 | Nh | 鉨（nihonium） | 日本（nihon） | 國名 |
| 115 | Mc | 鏌（moscovium） | 莫斯科州（Moskovskaya oblast） | 俄羅斯的州名 |
| 116 | Lv | 鉝（livermorium） | 利佛摩（Livermore）※ | 美國的城市 |
| 117 | Ts | 石田（tennessine） | 田納西州（Tennessee） | 美國的州名 |

## 起源於天體名的元素名稱

| | | | | |
|---|---|---|---|---|
| 2 | He | 氦（helium） | 海利歐斯（Helios） | 「太陽」的希臘文 |
| 34 | Se | 硒（selenium） | 塞勒涅（Selḗnē） | 「月亮」的希臘文 |
| 46 | Pd | 鈀（palladium） | 智神星（Pallas） | 位於火星和木星之間的小行星 |
| 52 | Te | 碲（tellurium） | 泰拉（Tellus） | 「地球」的拉丁文 |
| 58 | Ce | 鈰（cerium） | 穀神星（Ceres） | 位於火星和木星之間的矮行星 |
| 80 | Hg | 汞（mercury） | 墨丘利（Mercurius） | 「水星」的拉丁文 |
| 92 | U | 鈾（uranium） | 烏拉諾斯（Uranus） | 「天王星」的希臘文 |
| 93 | Np | 錼（neptunium） | 尼普頓（Neptūnus） | 「海王星」的拉丁文 |
| 94 | Pu | 鈽（plutonium） | 普路托（Pluto） | 「冥王星」的希臘文 |

天王星　海王星　冥王星

# 起源於礦物名或外觀的元素名稱

## 在化學的發源地歐洲，普遍使用拉丁文和希臘文

除了在第30～33頁介紹的元素之外，元素名稱也起源於各種不同的事物。以下列出的是源自礦物名或物質名的元素名稱，右頁則列舉了一些源自其顏色或氣味的元素名稱。除此之外，還有許多以各種事物為典故的元素名稱，其中**許多以拉丁文、希臘文和波斯文等（均羅馬化轉寫為拉丁字母）作為詞源（etymology又譯為字源）**。

鋯石（$ZrSiO_4$）名稱源自波斯文zargun，意為「金色的」。

砷和硫的化合物「雌黃」（$As_2S_3$）。經常被用作黃色的顏料，希臘文稱為arsenikon（砷的元素名稱的由來）。

### 起源於礦物名和物質名的元素名稱

| 元素（括號內是英文或拉丁文名稱） | | | 元素名稱的由來 | |
|---|---|---|---|---|
| 4 | Be | 鈹（beryllium） | bḗryllos | 「綠柱石」的希臘文 |
| 5 | B | 硼（boron） | bōra | 「硼砂」的波斯文 |
| 6 | C | 碳（carbon） | carbo | 「木炭」的拉丁文 |
| 7 | N | 氮（nitrogen） | nítron | 「硝石」的希臘文 |
| 9 | F | 氟（fluorine） | fluorés | 「螢石」的拉丁文 |
| 11 | Na | 鈉（sodium） | natrium/soda | 符號Na源自拉丁文/名稱源自「蘇打」的英文 |
| 12 | Mg | 鎂（magnesium） | magnesia alba | 以「白鎂」的希臘產地命名 |
| 13 | Al | 鋁（aluminium） | alumen | 「明礬」的拉丁文 |
| 14 | Si | 矽（silicon） | silex 或 silicis | 「燧石」的拉丁文 |
| 20 | Ca | 鈣（calcium） | calx | 「石灰」的拉丁文 |
| 25 | Mn | 錳（manganese） | manganesum/ magnesia negra | 「軟錳礦 / 黑錳」的希臘文 |
| 40 | Zr | 鋯（zirconium） | zargun | 「金色的」波斯文 |
| 42 | Mo | 鉬（molybdenum） | mólybdos | 「鉛」[編註]的希臘文 |
| 48 | Cd | 鎘（cadmium） | Cadmeia | 古希臘底比斯的衛城 |
| 74 | W | 鎢（tungsten） | tungsten | 「重石或白鎢礦」的瑞典文 |

編註：過去人們常將鉬礦石與鉛礦石混淆。

編註：1885年，奧地利化學家韋爾斯巴赫（Carl Auer von Welsbach，1858～1929）將鐠分離成鐠和釹兩種元素。

**起源於顏色和氣味的元素名稱**

| 元素（括號內是英文或拉丁文名稱） | | | 元素名稱的由來 | |
|---|---|---|---|---|
| 17 | Cl | 氯（chlorine） | chlōrós | 「黃綠色」的希臘文 |
| 24 | Cr | 鉻（chromium） | chrōma | 「顏色」的希臘文 |
| 33 | As | 砷（arsenic） | arsenikón | 「黃色顏料」的希臘文 |
| 35 | Br | 溴（bromine） | brômos | 「惡臭」的希臘文 |
| 37 | Rb | 銣（rubidium） | rubidus | 「深紅色」的拉丁文 |
| 45 | Rh | 銠（rhodium） | rhodóeis | 「玫瑰色」的希臘文 |
| 49 | In | 銦（indium） | indicum | 「靛藍色」的拉丁文 |
| 53 | I | 碘（iodine） | ioeidḗs | 「紫色」的希臘文 |
| 55 | Cs | 銫（cesium） | caesius | 「天藍色」的拉丁文 |
| 59 | Pr | 鐠（praseodymium） | prásios 和 dídymos | 「蔥綠色」和「雙胞胎」編註的希臘文 |
| 76 | Os | 鋨（osmium） | osmḗ | 「氣味」的希臘文 |

**起源於其他事物的元素名稱**

| | | | | |
|---|---|---|---|---|
| 1 | H | 氫（hydrogen） | hydro 和 genḗs | 「水」和「產生」的希臘文 |
| 3 | Li | 鋰（lithium） | líthos | 「石頭」的希臘文 |
| 8 | O | 氧（oxygen） | oxys 和 genḗs | 「酸」和「產生」的希臘文 |
| 10 | Ne | 氖（neon） | néon | 「新的」希臘文 |
| 15 | P | 磷（phosphorus） | phōsphóros | 「帶來光明」的希臘文 |
| 16 | S | 硫（sulfur） | sulpur | 「燃燒的石頭」的拉丁文 |
| 18 | Ar | 氬（argon） | argós | 「懶惰」的希臘文 |
| 19 | K | 鉀（potassium） | potaschen | 「鍋灰」的中古荷蘭文 |
| 26 | Fe | 鐵（iron） | ferrum | 符號Fe源自拉丁文（名稱起源不詳）編註 |
| 27 | Co | 鈷（cobalt） | kobold 或 cobold | 礦井精靈（礦工將鈷礦的毒性歸咎於精靈） |
| 28 | Ni | 鎳（nickel） | nickel | 礦山惡魔（迷惑礦工將鎳礦誤以為銅礦） |
| 30 | Zn | 鋅（zinc） | zinke | 「牙齒或叉子」的德文（鋅凝固呈鋸齒狀） |
| 36 | Kr | 氪（krypton） | kryptós | 「隱藏」的古希臘文 |
| 43 | Tc | 鎝（technetium） | technitós | 「人工的」希臘文 |
| 47 | Ag | 銀（silver） | argentum | 符號 Ag 源自「閃亮」的拉丁文 |
| 50 | Sn | 錫（tin） | stannum | 符號Sn源自「銀和鉛的合金」的拉丁文 |
| 51 | Sb | 銻（antimony） | stibium | 符號 Sb 源自拉丁文（名稱起源不詳） |
| 54 | Xe | 氙（xenon） | xénos | 「陌生的」希臘文 |
| 56 | Ba | 鋇（barium） | barýs | 「重的」希臘文 |
| 57 | La | 鑭（lanthanum） | lanthánein | 「不被注意的」希臘文 |
| 60 | Nd | 釹（neodymium） | néos 和 dídymos | 「新的」和「雙胞胎」（參見59）的希臘文 |
| 66 | Dy | 鏑（dysprosium） | dysprósitos | 「難以取得」的希臘文 |
| 78 | Pt | 鉑（platinum） | platina | 「小的銀」的西班牙文 |
| 79 | Au | 金（gold） | aurum | 符號Au源自「發光的東西」的拉丁文 |
| 81 | Tl | 鉈（thallium） | thallós | 「綠芽」的希臘文 |
| 82 | Pb | 鉛（lead） | plumbum | 符號Pb源自「鉛」的拉丁文（名稱起源不詳） |
| 83 | Bi | 鉍（bismuth） | bisemūtum/psimúthion | 「白鉛」的拉丁文／古希臘文 |
| 85 | At | 砈（astatine） | ástatos | 「不穩定的」希臘文 |
| 86 | Rn | 氡（radon） | radium emanation | 「從鐳衍生的氣體」的英文 |
| 88 | Ra | 鐳（radium） | radius | 「放射線」的拉丁文 |
| 89 | Ac | 錒（actinium） | aktís | 「放射線」的希臘文 |
| 91 | Pa | 鏷（protactinium） | proto 和 actinium | 「錒的前身」的英文 |

編註：iron源自原始凱爾特文 īsarnom，字根意思是「血」。

# 有點奇特的「元素名稱」由來

## 涉及到惡魔和精靈的元素名稱起源

元素的名稱源於科學家的名字、地名、神話中神祇的名字等各種各樣的事物。**而在週期表上位置相鄰的鎳和鈷特別獨特，它們的命名源於當時礦工的經歷**。

銅可從紅棕色的氧化銅（$Cu_2O$）中提取。然而，有些礦物儘管呈現紅棕色，經過冶煉後卻無法提煉出銅。據說當時的礦工們稱這種礦石為「kupfernickel」，即德語中的「惡魔之銅」。

1751年，瑞典化學家克龍斯泰特（Axel Cronstedt，1722～1765）從惡魔之銅中成功提取出新元素，並**將這個新元素取名為「鎳」（nickel），也就是「惡魔」的意思**。原來惡魔之銅的真實身分，是由鎳和砷組成的一種名為「紅砷鎳礦」的礦物。

**1735年發現的「鈷」也一樣難以從礦石中提取，因此人們根據德國民間傳說中出現的礦井精靈「kobold或cobold」將其命名為「精靈礦石」（kobold ore），因為礦石中的鈷含量很少，而且在提煉時會產生有毒的含砷氣體**。

### 銅的開採竟遭到惡魔攪局？

在礦山工作的礦工們認為，無法從紅棕色礦石中提取銅是惡魔搗亂所致，因此將其稱為「惡魔之銅」。後來在1751年成功從該礦石（紅砷鎳礦）中分離出新元素的克龍斯泰特，將新元素命名為「nickel」（惡魔）。

# 宇宙中最早誕生的元素

## 首先誕生的是氫、氦和鋰

在元素中，最早誕生於這個世界的究竟是什麼呢？**大致上，元素可以說是由原子序較小的物質開始形成**。

在宇宙誕生後，首先形成了質子和中子。質子也是氫（H，原子序1）的原子核。之後，質子和中子結合，形成了較輕元素的原子核，如氦（He，原子序2）和鋰（Li，原子序3）。

在宇宙誕生約38萬年後，帶負電的電子被帶正電的質子捕捉，當1個質子和1個電子相互吸引，就形成了氫原子。

同樣地，氦原子核捕捉電子後形成了氦原子，鋰原子核捕捉電子後形成了鋰原子。

### 質子和中子的誕生

在宇宙誕生後約$10^{-6}$秒～1秒，形成了質子和中子。由於質子就是氫的原子核，因此可以說氫的原子核也於同一時刻產生。

時間的流動

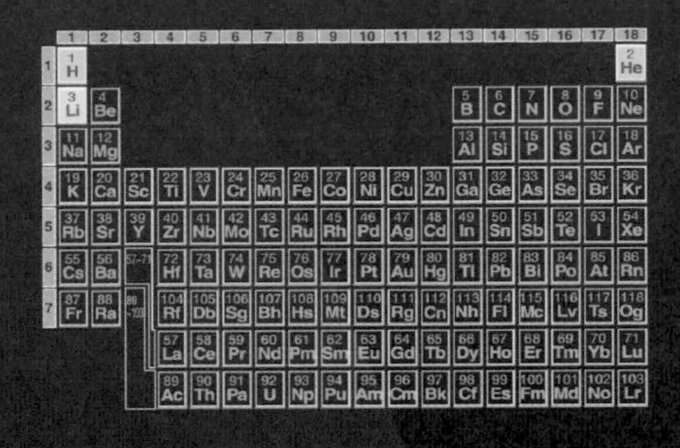

## 氦原子核的誕生

在宇宙誕生後約3分鐘，質子和中子聚集，形成了氦原子核。

## 原子的誕生

在宇宙誕生後約38萬年，電子被原子核（質子）捕捉，最輕的氫原子就此形成。

由1個質子與1個中子形成的粒子

氫原子的誕生

由1個質子與2個中子形成的粒子

氦原子的誕生

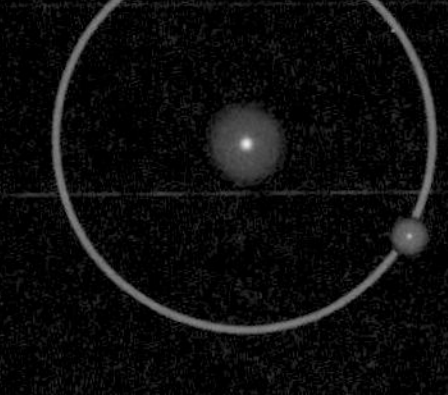

氦原子核

# 在星球內部誕生的重元素

## 透過恆星的大爆炸等，形成了重元素

宇宙誕生數億年後，包含氫的幾種氣體聚集形成恆星。在與太陽重量相當的恆星內部，能促成原子核的互相合併（核融合反應，fusion reaction），形成碳的原子核。而在比太陽重10倍以上的恆星中，透過不斷的核融合反應，能形成如鐵元素一般重的原子核。

最終，這些恆星迎來了它們生命的終點，發生大爆炸（超新星爆炸，supernova explosion）編註，恆星內合成的元素被散布到宇宙空間中。同時，爆炸時產生的能量還可能導致比鐵更重的元素合成。

而比鐵更重的元素也可能是由中子星（neutron star，由中子構成的高密度天體）的合併而誕生。這些元素成為新的恆星產生時的材料。

**透過周而復始的星球誕生和死亡，各式各樣的元素慢慢蓄積在宇宙中。**

編註：當恆星無法再從核融合反應中獲得能量時，失去熱輻射壓力支撐的外圍物質受重力牽引會急速向核心墜落，導致外殼的動能轉化為熱能向外爆發產生超新星爆炸。

### 1. 碳等元素的誕生

在恆星內，氫能透過核融合反應形成氦。當星球中心僅剩下氦時，氦會進行核融合反應並產生碳。

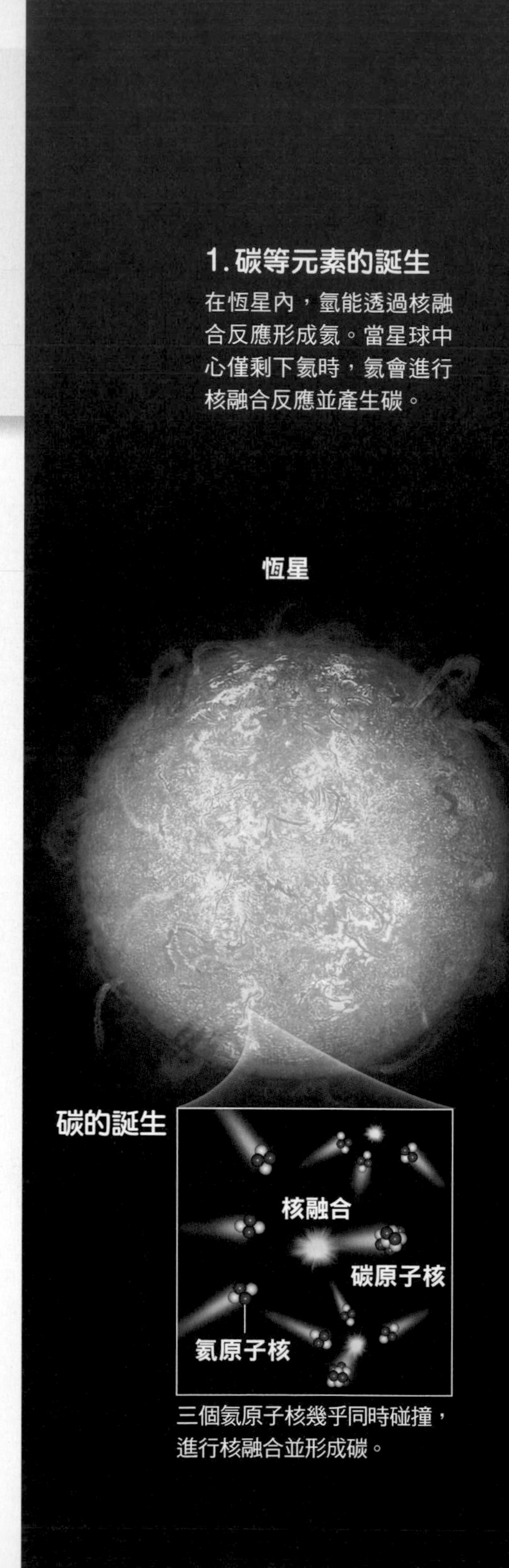


三個氦原子核幾乎同時碰撞，進行核融合並形成碳。

## 2. 鐵等重元素的誕生

在質量超過太陽約10倍的恆星中，透過進一步的核融合反應，能形成比碳還重的氧、氖、矽、鐵等元素，且愈是靠近星球中心，形成的元素就愈重，呈現如洋蔥般的結構。

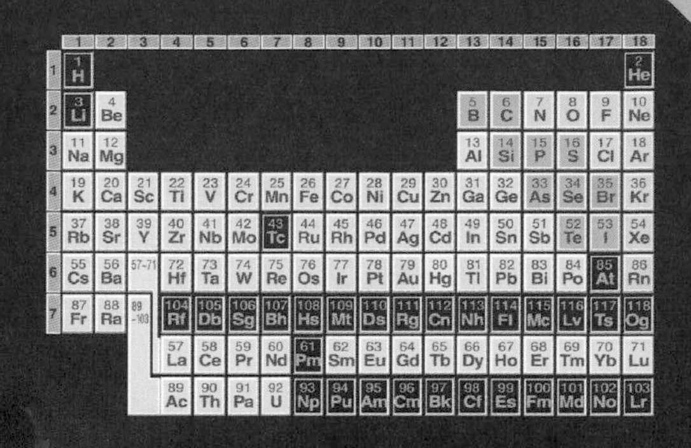

恆星

註：每層的厚度並非實際厚度。

超新星爆炸

## 3. 金等更重元素的誕生

大質量恆星的壽命結束時，將發生「超新星爆炸」，在爆炸中可能形成從鐵到鈾等更重的元素。同時，藉由爆炸，恆星內合成的元素得以散布到宇宙空間中。

何謂週期表

# 宇宙中元素的豐度呈鋸齒狀

## 宇宙中的元素，98%以上是氫和氦

### 豐度呈鋸齒狀減少

下圖為宇宙（元素）豐度曲線圖。每個元素的豐度以矽的數量$10^6$（100萬）個為基準[編註]，以相對數量表示。由於圖的縱軸每增加一個刻度就增加10倍，因此即使視覺上的差異很小，實際上卻代表著位數間的差異。可以看出，原子序為偶數的元素，其豐度的值比相鄰的奇數元素的值更大。

編註：矽的縱軸豐度$10^6$位於$10^{-2}$（鈾U）～$10^{10}$（氫H）的中間，適合做為對照值。

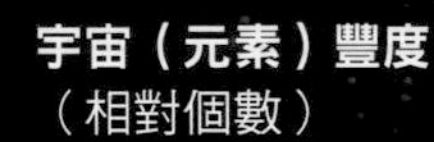


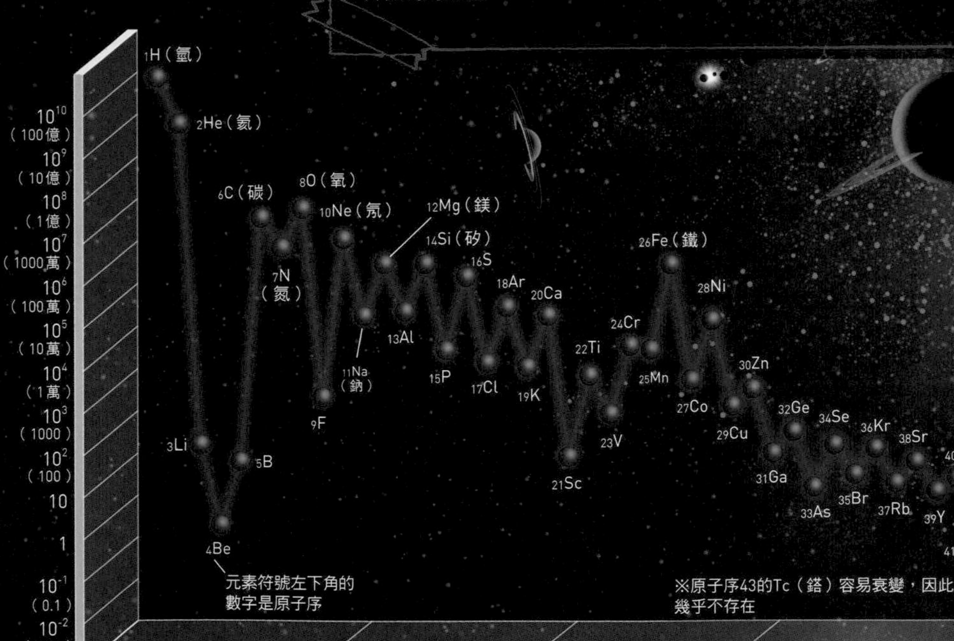

宇宙中存在著各種元素，其存在比例如下圖所示，俗稱為「宇宙（元素）豐度」（cosmic abundance）。圖中包括了地球上存在的元素、掉落在地球上的隕石所含元素、太陽和其他恆星中存在的元素種類，以及這些元素的豐度（相對數量）。太陽和恆星中的元素豐度，是在19世紀以後透過光譜分析而解析出來的。

圖中的橫軸表示原子序，縱軸表示豐度。從這張圖中，可以觀察到兩個主要的特徵。**第一，氫和氦的豐度非常突出，且隨著原子序增加，豐度逐漸減小**。其實，氫和氦在整體中的比例，高達驚人的98%以上。

**存在於宇宙中的大量氫和氦，是宇宙發源於高溫、高密度的灼熱宇宙「大霹靂」（Big Bang）的證據之一**。電子、質子（氫原子核）以及中子被認為是在這個大霹靂後的約100萬分之1秒（$10^{-6}$秒）內形成的。

大約3分鐘後，宇宙的溫度降至約10億°C，原本散布四周的質子和中子結合形成了較輕的原子核，如氦和鋰。再過約38萬年，宇宙的溫度下降到約3000°C，原本四散的原子核再和電子結合，形成了原子。

**第二，元素豐度呈鋸齒狀**。質子數目為偶數的元素比相鄰的奇數元素存在得更多。**這是因為當質子成對存在時結構更為穩定，而質子數為奇數的原子核容易發生變化**。因此，質子的性質對宇宙中元素的存在量產生了影響。

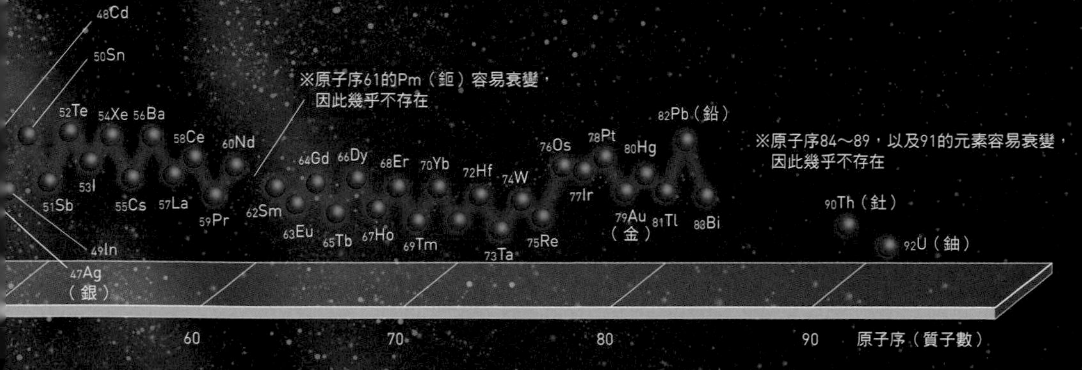

48Cd
50Sn
52Te 54Xe 56Ba 58Ce 60Nd
51Sb 53I 55Cs 57La 59Pr
49In
47Ag（銀）
※原子序61的Pm（鉕）容易衰變，因此幾乎不存在
62Sm 64Gd 66Dy 68Er 70Yb 72Hf 74W 76Os 78Pt 80Hg 82Pb（鉛）
63Eu 65Tb 67Ho 69Tm 73Ta 75Re 77Ir 79Au（金） 81Tl 83Bi
※原子序84～89，以及91的元素容易衰變，因此幾乎不存在
90Th（釷）
92U（鈾）
60 70 80 90 原子序（質子數）

Column

Coffee Break

# 元素和原子有何不同？

法國著名化學家拉瓦節（Antoine Lavoisier，1743～1794）將元素定義為「不能進一步分解的單純物質」。例如，食鹽水是鹽和水的混合物，從食鹽水中去除鹽，就能得到水。若將水通

**將物質分解可以得到元素**

食鹽水（混合物）可以被分離為鹽和水，它們分別是由2種原子構成的化合物。水經過分解後得到的氧和氫分別是由1種原子組成的單一物質（單質，elementary substance）。由於無法再分解為其他物質，因此它們被視為元素。

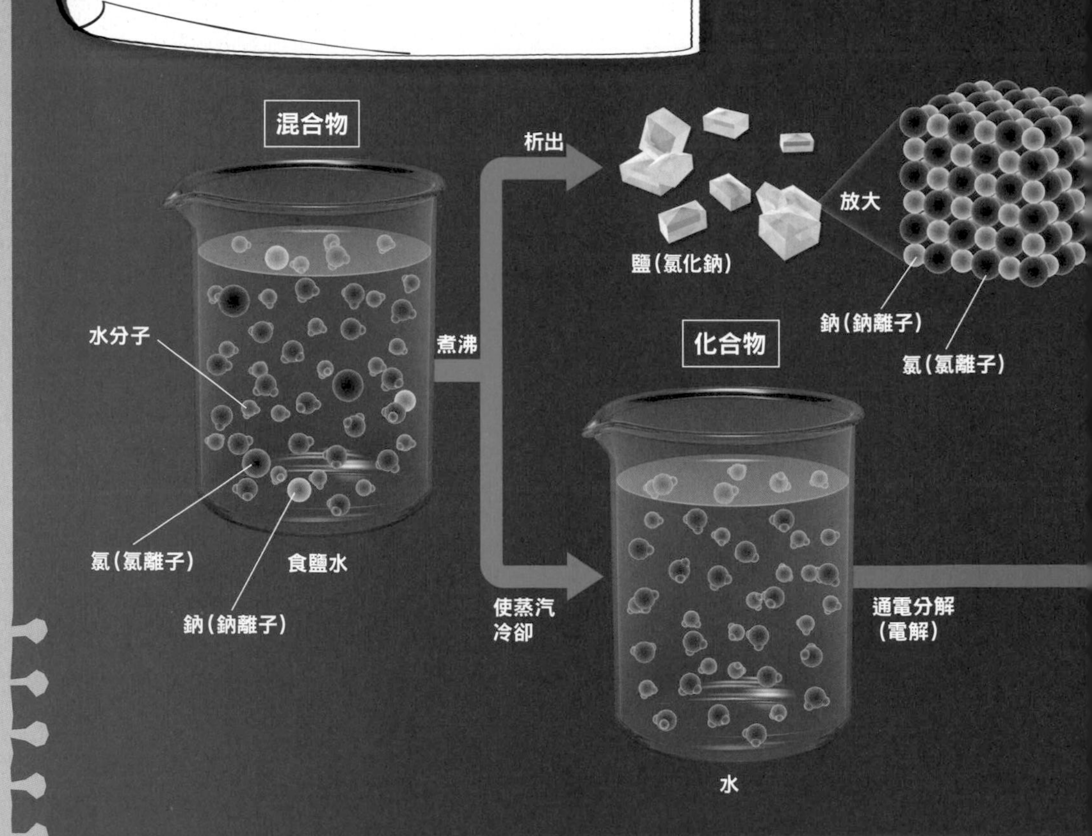

電，還可以進一步將水分解成氧和氫。**氧和氫不能再分解為其他物質，因此根據拉瓦節的定義，氧和氫是元素**。

另外，水是水分子（$H_2O$）的集合體。水分子由2個氫原子和1個氧原子組成，這種構成分子的粒子稱為「原子」。

此外，我們也可以說「水是由2種『元素』，即氫原子和氧原子組成的」。換句話說，元素還具有「原子種類」的意義。

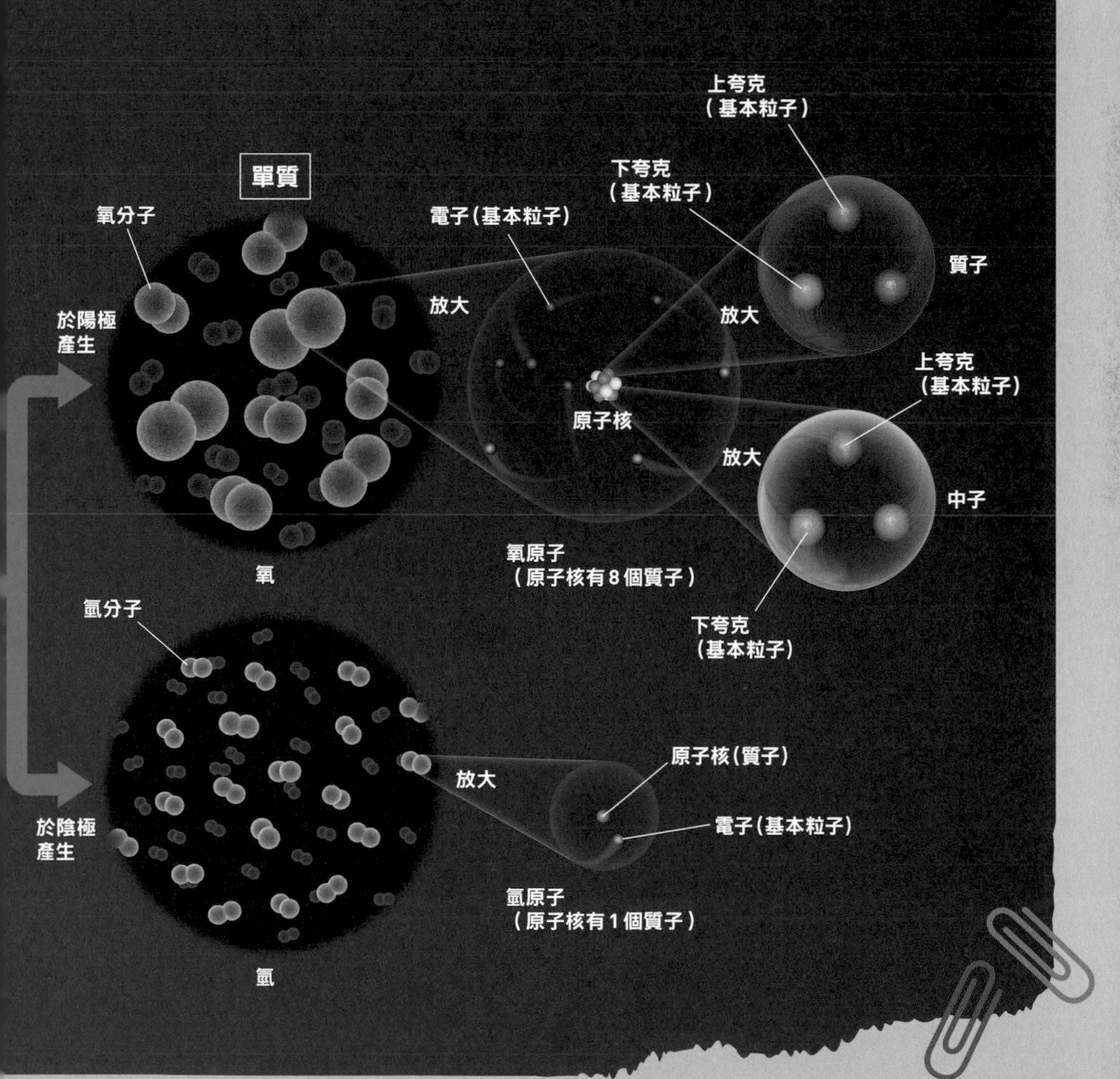

2

# 從週期表解讀元素的性質

**週期表上的元素都按照特定規則排列著。橫排稱為週期，位於同一週期的元素，最外側的電子殼層是一樣的。直行稱為族，同一族的元素具有相似的性質。在第2章中，將聚焦在不同的「族」上。**

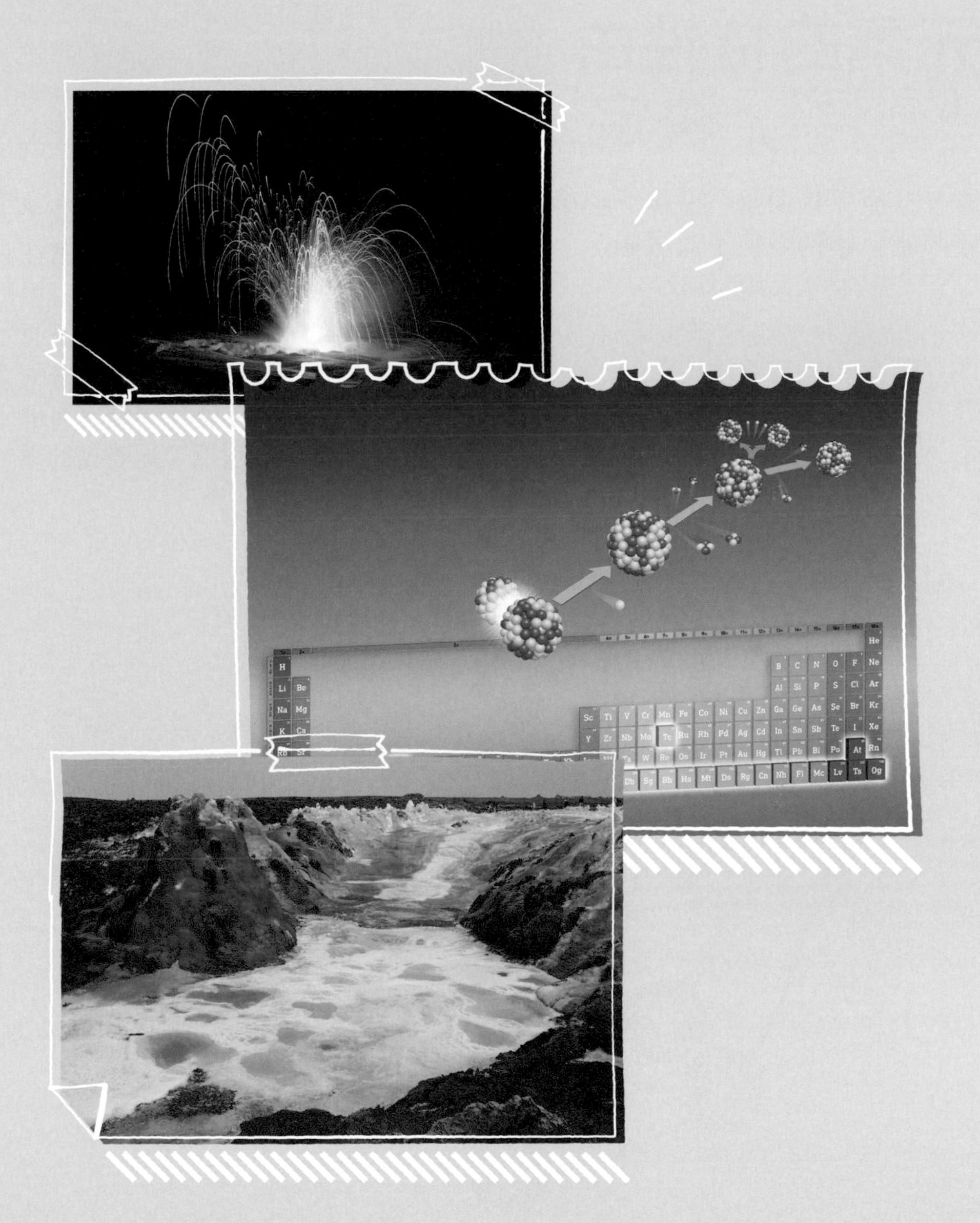
He
H
B C N O F Ne
Li Be
Al Si P S Cl Ar
Na Mg
Sc Ti V Cr Mn Fe Co Ni Cu Zn Ga Ge As Se Br Kr
K Ca
Y Zr Nb Mo Tc Ru Rh Pd Ag Cd In Sn Sb Te I Xe
Ta W Re Os Ir Pt Au Hg Tl Pb Bi Po At Rn
Db Sg Bh Hs Mt Ds Rg Cn Nh Fl Mc Lv Ts Og

從週期表解讀元素的性質

# 元素的特性由「電子」決定

## 電子在原子核周圍，遵循「容納量限制」排列在電子殼層中

元素於宇宙中誕生，並構成地球、人體等森羅萬象的物質。截至目前為止，已經發現的元素共有118種。元素的特性主要受到電子的影響，因此從本單元開始，會將焦點放在電子上來觀察週期表。

**電子並不是毫無規律的在原子核周圍自由移動，而是被安置在原子核周圍的「電子殼層」中**（如圖）。電子殼層按照距離原子核的遠近，從最近的開始分別命名為K層、L層、M層、N層……等。每個殼層可以容納的電

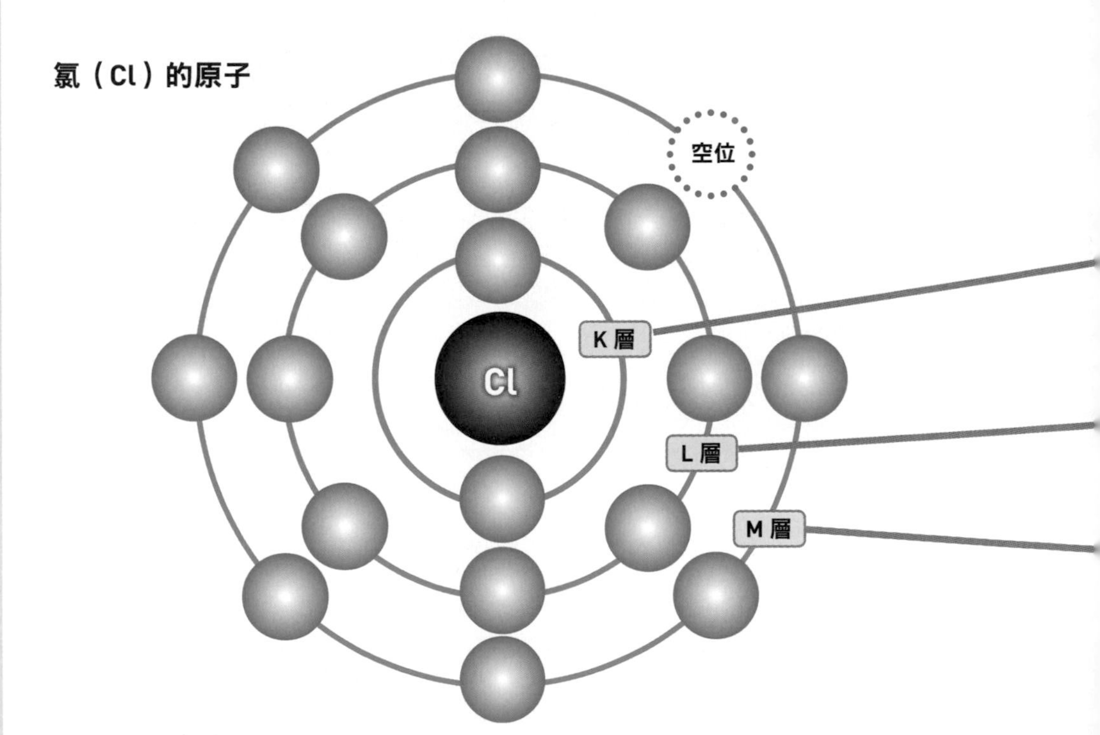


上圖所示為氯（Cl，原子序17）的電子配置。中央的球體代表原子核，原子核周圍共有17個電子（藍色球體）。電子主要是由內側往外填入原子核周圍的電子殼層。

子數（容納量）是固定的，愈外側的電子殼層的容納量愈多。而電子基本上是從靠近原子核的內側電子殼層開始填入的，然而從鉀元素開始，有些元素會在內側殼層留下一些「空位」，讓電子優先填入外側的殼層。因為多電子原子的一些電子殼層能量範圍會交錯重疊，例如相較於內側M層的3d軌域，外側N層的4s軌域半徑反而更小（更接近原子核）。

另外，原子中所含的電子數因元素而異。換句話說，電子能填到哪個電子殼層取決於元素的種類。**通常位於最外側電子殼層的電子稱為「價電子」（valence electron）**[編註]，可以在原子間形成化學鍵，在決定該元素的特性時扮演了重要的角色。價電子所在的電子殼層稱為「價殼層」（valence shell）。

編註：一般而言，主族元素（main-group elements）的價電子就是「最外側殼層電子」，但過渡元素的價電子則可包括「次外層電子」，某些鑭系和錒系元素的倒數第三層電子也可以成為價電子。原子的價電子愈少，原子就愈不穩定，愈容易產生反應。

### 氯（Cl）的電子

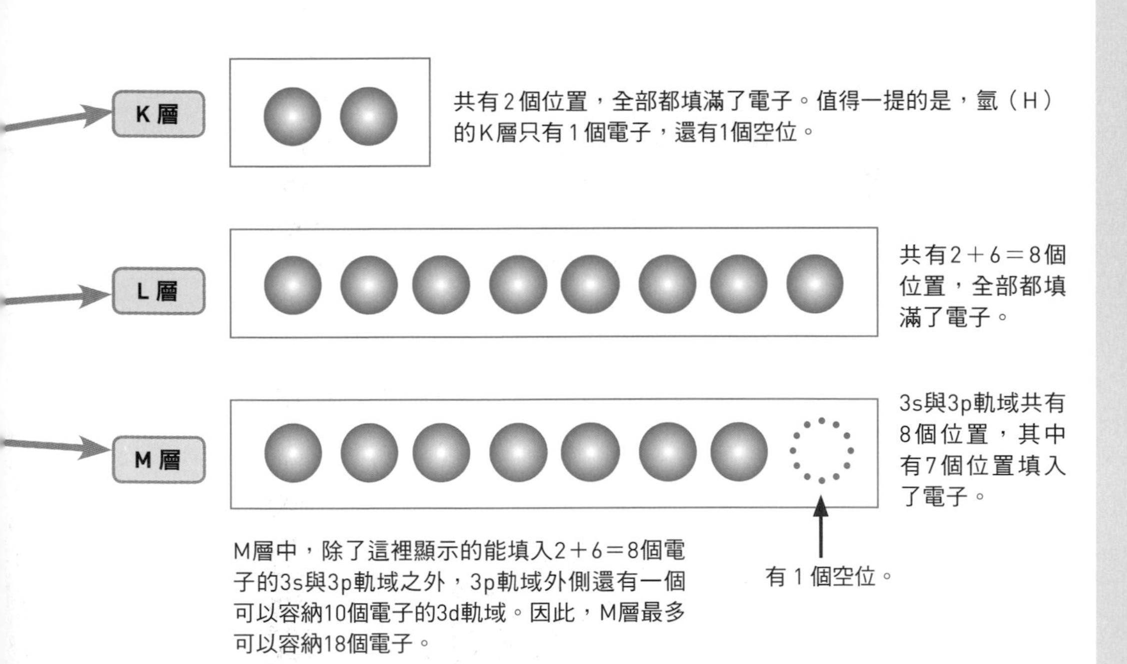

從週期表解讀元素的性質

# 「橫」排的元素具有共通點

## 著眼於最外側殼層，觀察同一「週期」的元素

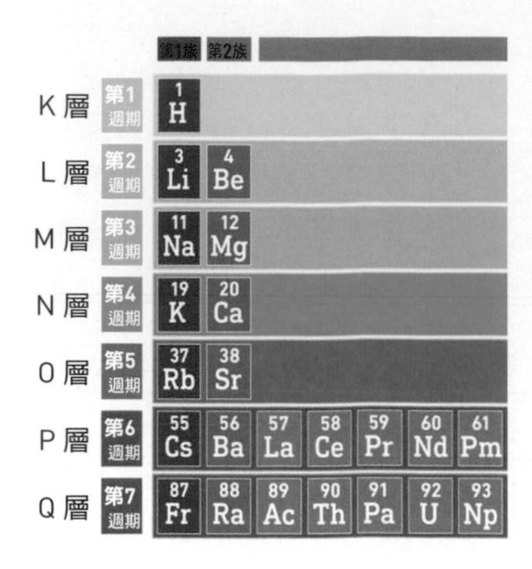


現在，讓我們著眼於原子的最外側殼層，從橫向來觀察週期表上的元素（如圖）。有注意到什麼嗎？

第1週期的元素，它們的最外側殼層都是K層。第2週期的元素都以L層為最外側殼層，第3週期的元素則是M層。**沒錯，在同一週期（橫排）中排列的元素，都有著一樣的最外側殼層**。

實際上，週期表上的橫排（週期）與原子擁有的電子最多填到哪個電子殼層相對應（如右上表）。例如，鈉（Na）的原子序是11，且位於第3週期，因此可以知道，鈉原子中填有電子的最外側的殼層，是由內側數起第3個的M層（K層有2個電子，L層有8個電子，M層有1個電子）。

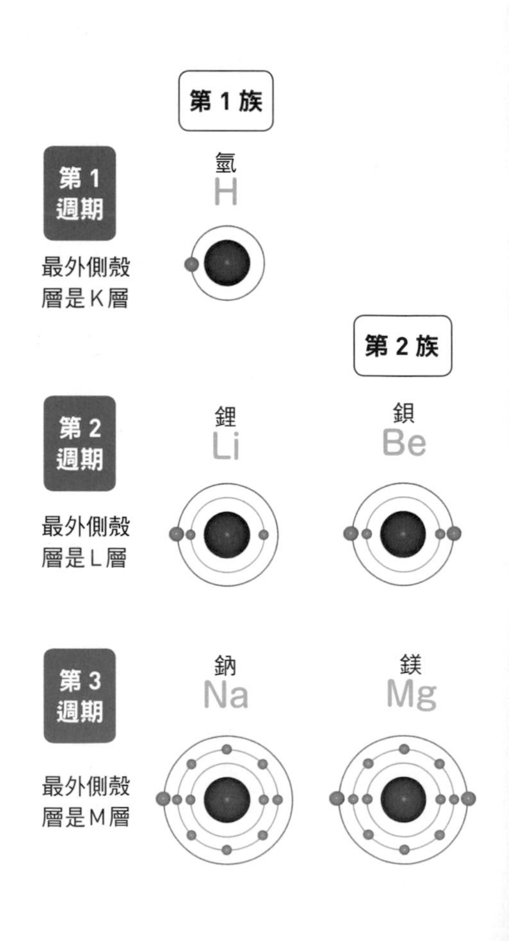

| 第3族 | | | | | | | | | | 第4族 | 第5族 | 第6族 | 第7族 | 第8族 | 第9族 | 第10族 | 第11族 | 第12族 | 第13族 | 第14族 | 第15族 | 第16族 | 第17族 | 第18族 |
|---|---|---|---|---|---|---|---|---|---|---|---|---|---|---|---|---|---|---|---|---|---|---|---|---|
| | | | | | | | | | | | | | | | | | | | | | | | | 2 He |
| | | | | | | | | | | | | | | | | | | | 5 B | 6 C | 7 N | 8 O | 9 F | 10 Ne |
| | | | | | | | | | | | | | | | | | | | 13 Al | 14 Si | 15 P | 16 S | 17 Cl | 18 Ar |
| | | | | | | | | | 21 Sc | 22 Ti | 23 V | 24 Cr | 25 Mn | 26 Fe | 27 Co | 28 Ni | 29 Cu | 30 Zn | 31 Ga | 32 Ge | 33 As | 34 Se | 35 Br | 36 Kr |
| | | | | | | | | | 39 Y | 40 Zr | 41 Nb | 42 Mo | 43 Tc | 44 Ru | 45 Rh | 46 Pd | 47 Ag | 48 Cd | 49 In | 50 Sn | 51 Sb | 52 Te | 53 I | 54 Xe |
| 62 Sm | 63 Eu | 64 Gd | 65 Tb | 66 Dy | 67 Ho | 68 Er | 69 Tm | 70 Yb | 71 Lu | 72 Hf | 73 Ta | 74 W | 75 Re | 76 Os | 77 Ir | 78 Pt | 79 Au | 80 Hg | 81 Tl | 82 Pb | 83 Bi | 84 Po | 85 At | 86 Rn |
| 94 Pu | 95 Am | 96 Cm | 97 Bk | 98 Cf | 99 Es | 100 Fm | 101 Md | 102 No | 103 Lr | 104 Rf | 105 Db | 106 Sg | 107 Bh | 108 Hs | 109 Mt | 110 Ds | 111 Rg | 112 Cn | 113 Nh | 114 Fl | 115 Mc | 116 Lv | 117 Ts | 118 Og |

## 週期表的「週期」與電子存在的最外側殼層相對應

上方所示為週期（橫排）與電子存在的最外側殼層的對應關係。第 1 週期對應K層，第 2 週期對應 L 層……依此類推，每個週期都與一個殼層對應，而該週期元素擁有的電子最遠只填到該層。值得注意的是，上方的週期表是一種稱為「長式週期表」的週期表，其中將第10～11頁的週期表中置於下方的「鑭系」和「錒系」元素收納在表格內。編註

編註：鑭和鎦除外的鑭系元素和錒系元素皆為副族元素，本區元素新增加的電子大多填入 f 軌域，故稱為 f 區。週期表中的第 6 週期和第 7 週期都各有14個f區元素。本區的元素通常不被歸入任何一族，也有些學者將它們歸入第 3 族。

第 18 族

氦
He

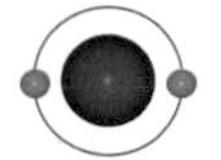

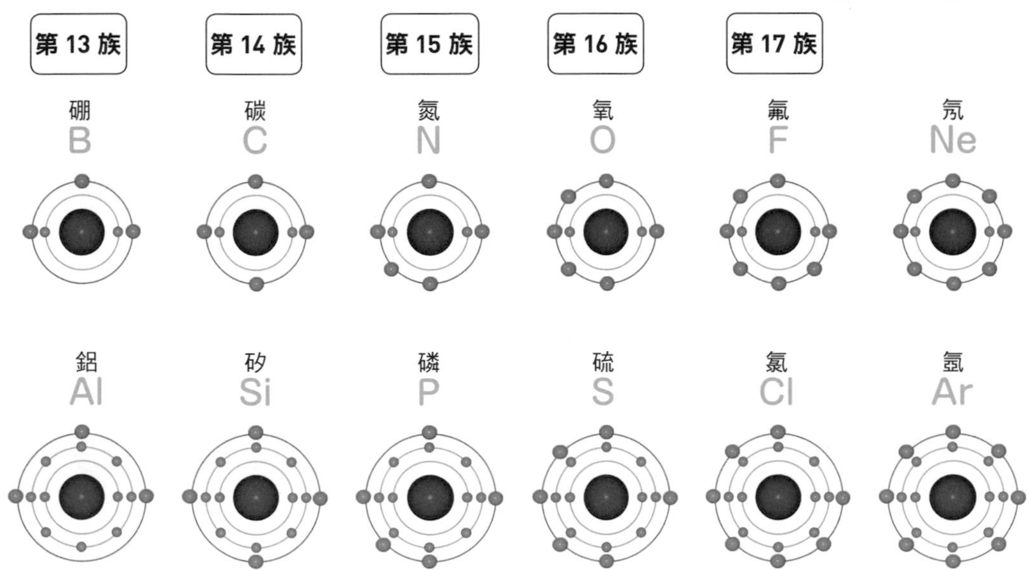

從週期表解讀元素的性質

# 「直」行的元素具有相似的性質

## 最外側殼層中的電子數相同的元素

編註2：全滿的電子殼層稱為「閉合殼層」，具有化學惰性。比封閉殼層多1或2個價電子的原子具有高反應性，因為去除多餘價電子以形成正離子的能量相對較低。比封閉殼層少1或2個電子的原子也具有反應性，因為它傾向於獲得缺失的價電子並形成負離子，或共享價電子並形成共價鍵。

在週期表中，元素排列方式的一個重要原則是「縱向排列的元素性質相似」。週期表中的每個直行稱為「族」，同一族的元素具有相似的性質。為什麼呢？

**當觀察同一族的元素時，若聚焦在最外側殼層中的電子數，會發現都是相同的**。例如，在週期表最左側的第1族中，最外側殼層電子的數量都是1個，沒有例外。

另一方面，在週期表最右側的第18族中，除了氦（He）之外，所有元素的最外側殼層電子數都是8個。而最外側殼層電子的數量，在決定元素的性質時扮演著相當重要的角色。

值得注意的是，第3～11族的元素被稱為「過渡元素」（transition element）[編註1]，它們的最外側殼層電子數大多是1個或2個。**在過渡元素中，除了位於同一直行上的元素外，同一橫排上相鄰的元素之間也有著相似的性質**。

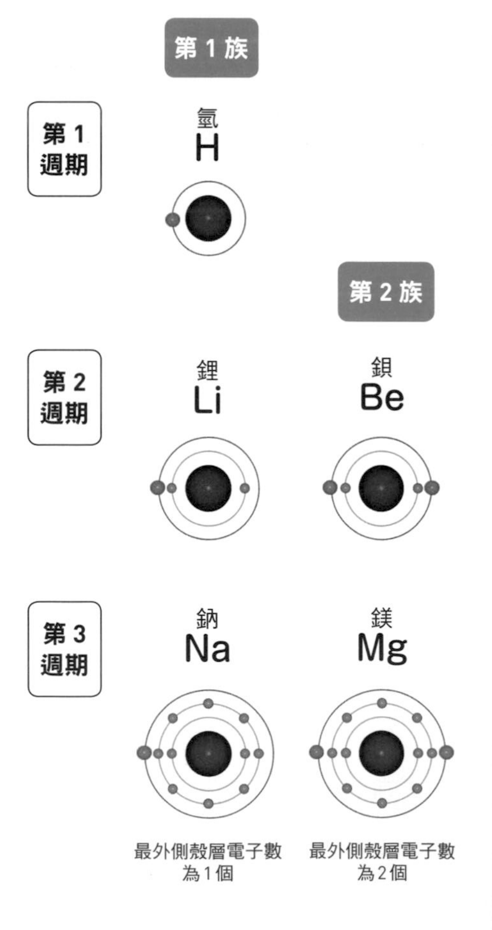

最外側殼層電子數為1個　最外側殼層電子數為2個

編註1：也有學者將第12族元素納入「過渡元素」。

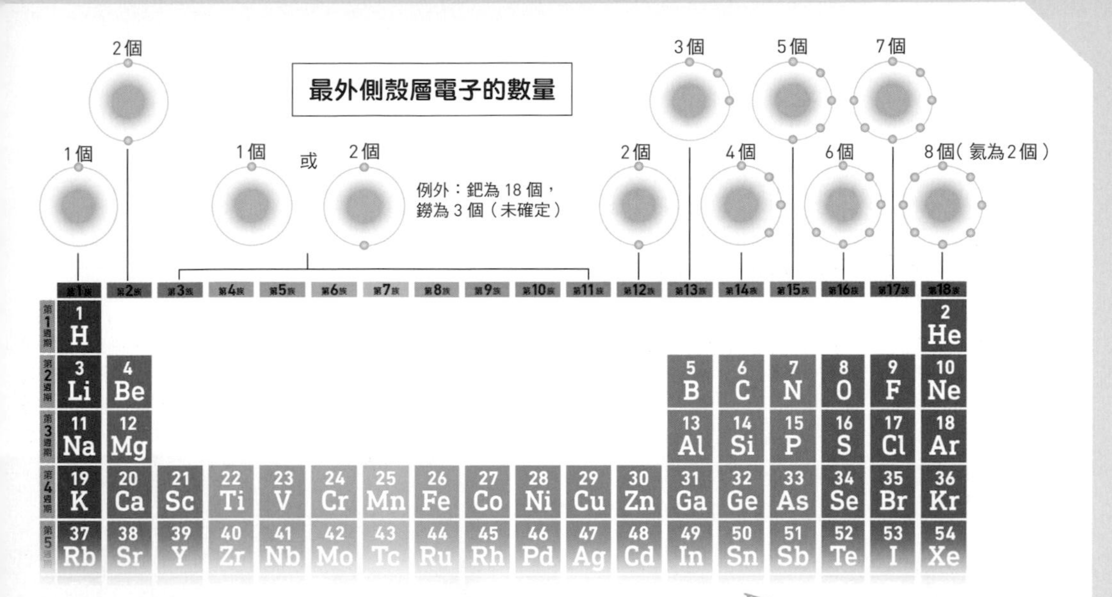


## 最外側殼層電子的數量是根據族決定的

下方所示為各族元素的最外側殼層電子數量。第1～2族和第12～18族被稱為「典型元素」(representative elements，又稱為主族元素)，族數的個位數和最外側殼層電子的數量相符（除了氦）。第3～11族稱為「過渡元素」，最外側殼層電子數大多為1個或2個。

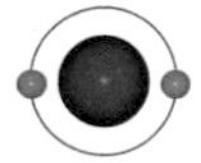


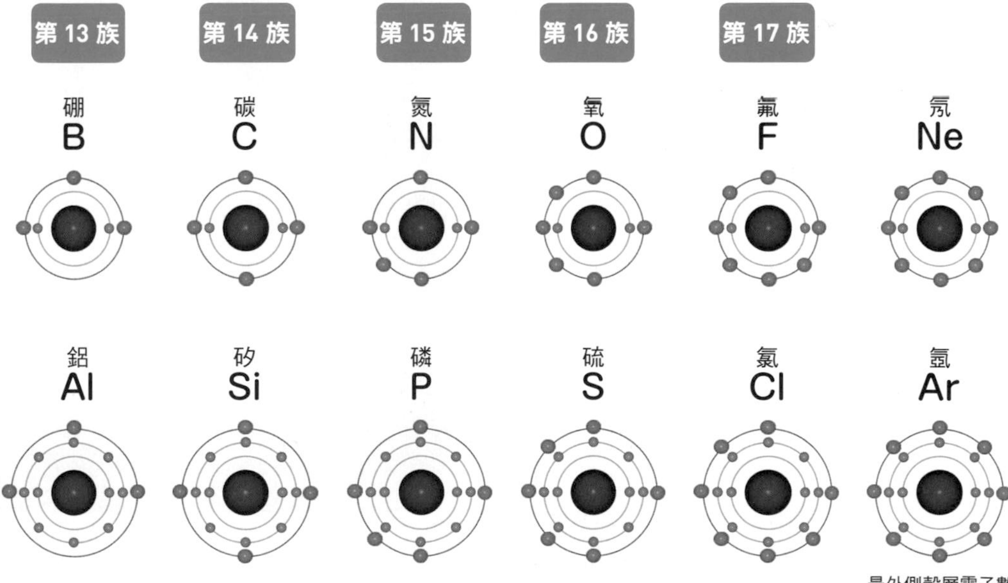

Column

Coffee Break

# 地球上最豐富的元素為何？

宇宙誕生於138億年前，大約經過91億年後，太陽（約46億年前）和其行星之一的地球（約45億年前）誕生。觀察太陽所含元素可以發現，氫約占71%，氦約占27%，這個比例和整個宇宙中的元素存在比例（氫約占73%，氦約占25%）相當接近。

與此相比，地球上的元素比例又是如何呢？首先，來看看位於地球表面的「地殼」（右圖）所包含的元素。**最多的是氧，接下來是矽、鋁等金屬元素，這是因為構成地殼的岩石主要由矽和鋁的氧化物組成**。

**觀察海洋中的元素，同樣氧占絕大多數，接著是氫、氯和鈉**。現在的海水基本上是溶解了鹽的水，而鹽的主要成分是氯離子和鈉離子結合形成的「氯化鈉」，因此這些元素存量豐富也是理所當然的。

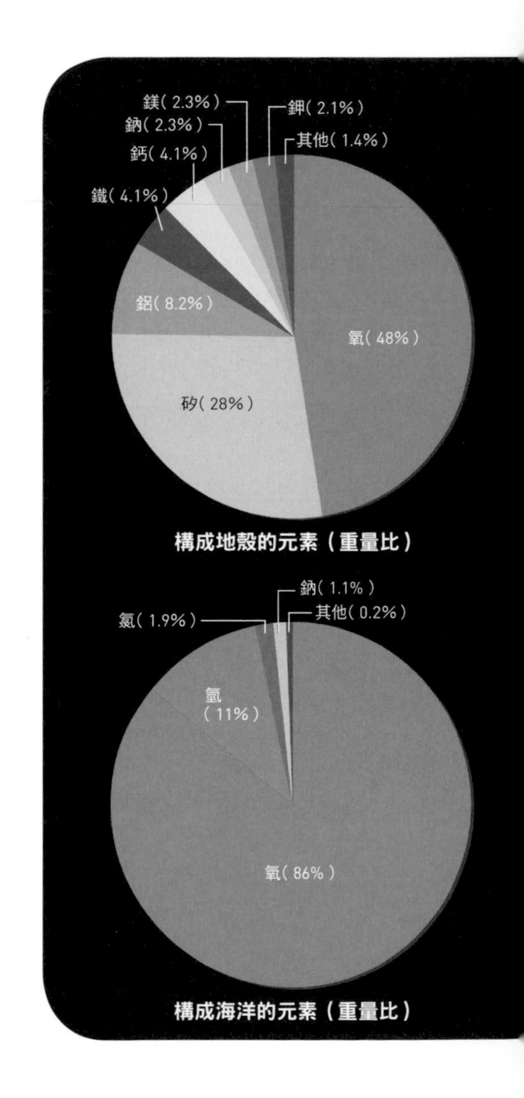

構成地殼的元素（重量比）

構成海洋的元素（重量比）

## 地球的地殼和海洋中所含的元素

下圖所示為地球的內部結構，以及地殼和海洋中所含元素比例之圓餅圖。值得注意的是，地球的中心部分存在以鐵為主要成分的「內核」。因此若從整體來看，地球中最豐富的元素是鐵。[編註]

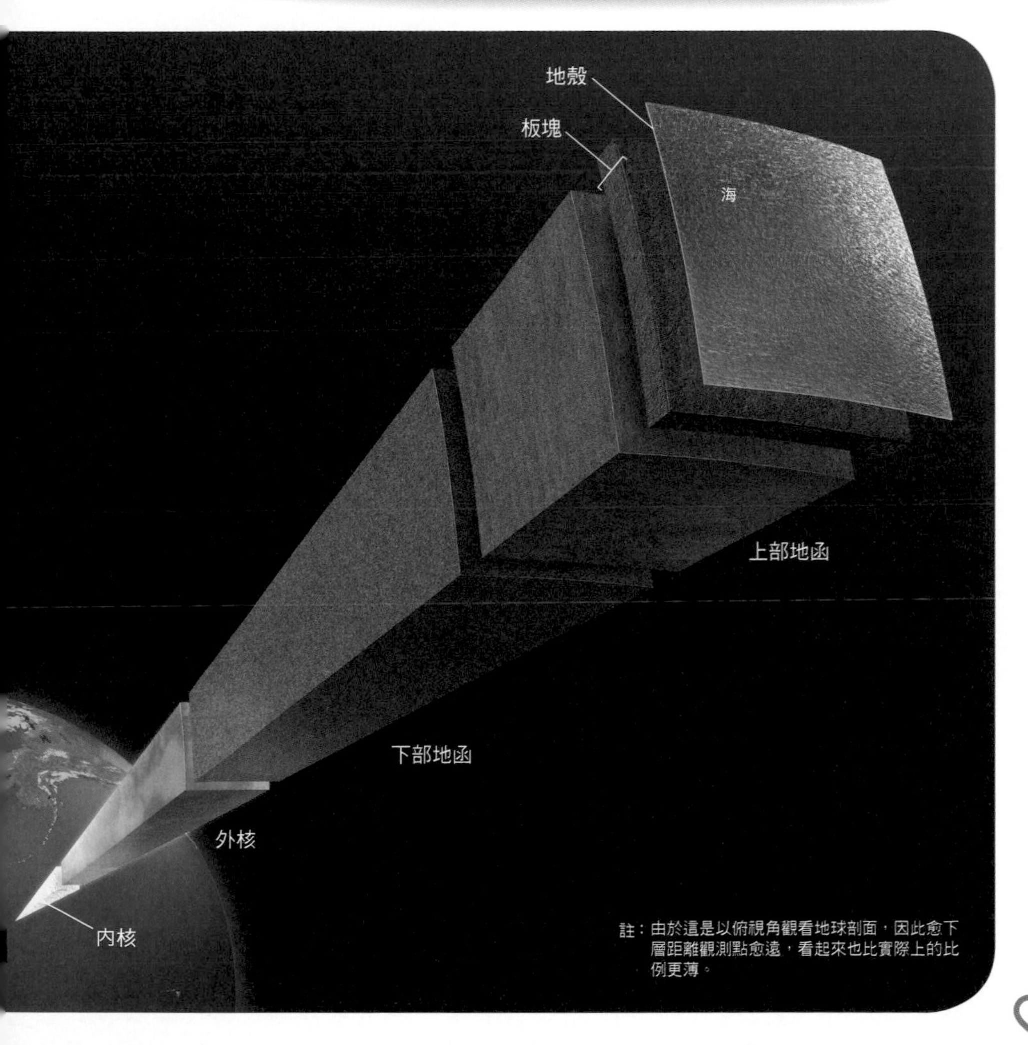


編註：地殼平均厚約17公里，上部地函＋下部地函厚約2880公里，外核＋內核厚約3470公里。從整體來看，構成地球的主要化學元素有鐵（32.1%）、氧（30.1%）、矽 （15.1%）、鎂（13.9%）、硫（2.9%）、鎳（1.8%）、鈣（1.5%）、鋁（1.4%）；剩下的1.2%是其他微量元素。

第 1 族

# 激烈進行化學反應的「鹼金屬」

## 擁有容易與其他物質反應的不穩定電子

出現在週期表最一開始（左上方）的氫（H），是宇宙中存量最豐富的元素。兩個氫原子能結合形成氫分子，**氫分子是最輕的氣體，具有極易燃燒的特性**。

**第 1 族中除了氫以外的元素都是金屬元素，這些統稱為「鹼金屬」**。儘管稱為金屬，但其性質與鐵等金屬差異相當大。例如，所有鹼金屬都很軟，鈉（Na）和鉀（K）甚至可以輕鬆地用刀切割。此外，鋰（Li）、鈉和鉀因為重量輕（密度小），所以能浮在水上。

**鹼金屬有一個顯著的特點，即非常容易與其他物質發生反應**。這是因為它們最外側的電子殼層中僅有 1 個電子，這個單一的電子相當不穩定，容易轉移到其他物質上（易產生反應）。基於這種「易將電子轉移」的特性，鹼金屬被應用於鋰電池[編註]等電池材料中。

編註：鋰電池雖常作為「鋰離子電池」的簡稱，但傳統鋰電池內含純態的鋰金屬，為一次性使用、不可充電。鋰離子電池是傳統鋰電池的改良，利用膠態或固態聚合物（六氟磷酸鋰等）取代液態有機溶劑，可重複充電，安全性較好，不會爆炸，且可以塑造各種不同形狀的電芯，成為現在的主流形式電池。

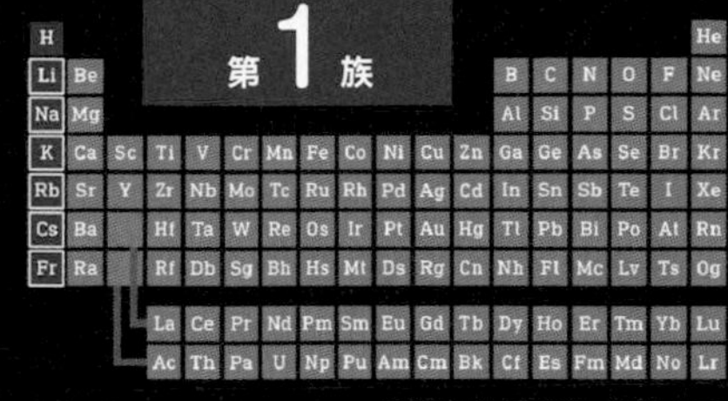


白框內的元素為「鹼金屬」

**與水激烈反應、濺起火花的鈉**

圖中所示為大量的鈉金屬與水接觸時，
發生爆炸性反應的景象。

鋰
Li
3

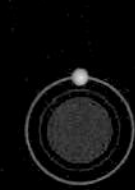

鈉
Na
11

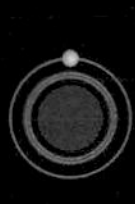

鉀
K
19

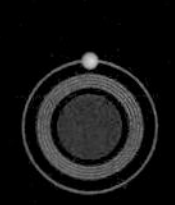

銣
Rb
37

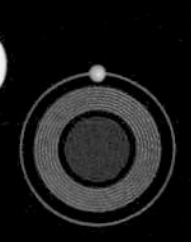

銫
Cs
55

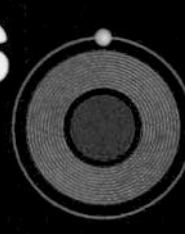

鍅
Fr
87

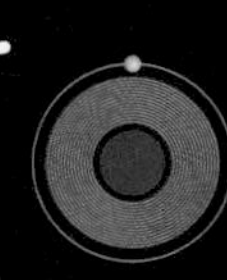

電子的配置
最外側殼層：1個

第 2 族

# 在人體內也發揮作用的「鹼土金屬」

## 人體中約含有1.5～2.0%的鈣

第 2族元素全部都是金屬元素，**由於其最外側殼層中的電子數為2，相對容易釋放電子，因此具有容易與其他物質反應的特性**。

鈹（Be）被廣泛應用於各種工業產品，甚至被使用在太空探索之中。鎂（Mg）是植物進行光合作用時不可或缺的元素，沒有鎂，植物將無法進行光合作用。在人體中，鎂也在形成骨骼和生產能量的過程中發揮作用。

**另外，鈣（Ca）、鍶（Sr）、鋇（Ba）、鐳（Ra）四種元素被稱為「鹼土金屬」**。

鈣是人體中含量最多的金屬元素，以體重60公斤的人來說，體內的鈣量約為1公斤。體內的鈣有99%存在於骨骼中，以「磷酸鈣」或「碳酸鈣」的形式存在。剩餘的1%存在於血液和細胞中，在肌肉收縮等過程中發揮重要作用。

股骨

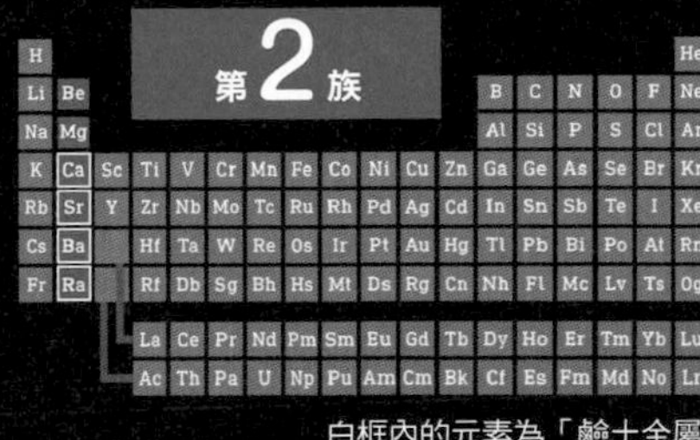

**葉綠素**
為具有吸收光線功能的綠色分子。由碳（黑色球）和氮（淺綠色球）組成的環狀結構，其中心有鎂原子。

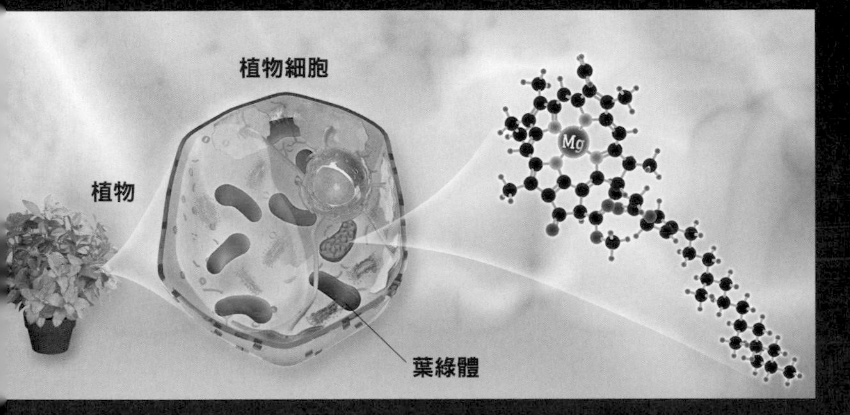


鈹
Be
4

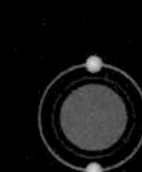

鎂
Mg
12

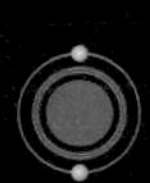

鈣
Ca
20

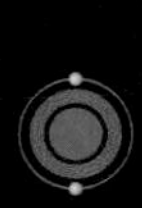

鍶
Sr
38

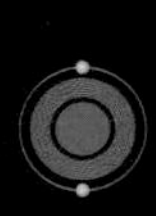

鋇
Ba
56

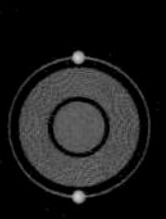

鐳
Ra
88

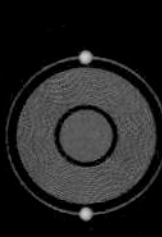

電子的配置
最外側殼層：2個

緻密骨

**由磷酸鈣形成的晶體**
骨骼的主要成分是由羥基磷酸鈣──即「羥磷灰石」（hydroxyapatite）所組成。

海綿骨

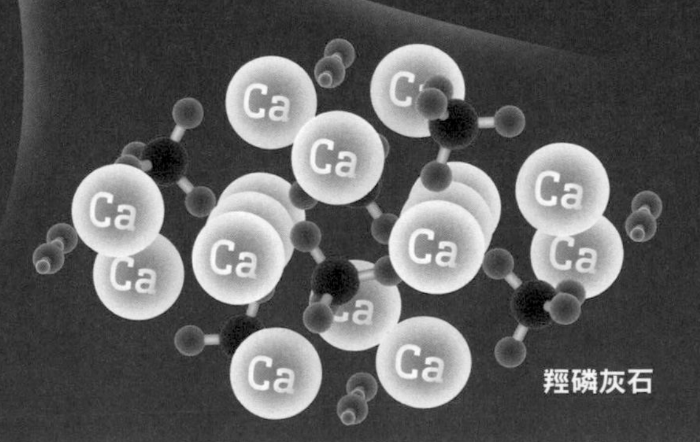


羥磷灰石

# 第3～11族是性質相似的大家族

## 除了縱向之外，橫向相鄰的元素也具有相似的性質

編註1：M層外加5個d軌域（10個電子），N層外加7個f軌域（14個電子），O層外加9個g軌域（18個電子），P層外加11個h軌域（22個電子），Q層外加13個i軌域（26個電子）。

編註2：電子若同向自旋，會形成磁矩，將受原子核正電荷吸引，最終被吸人原子核，因此各軌域的雙電子彼此反向自旋，構成平衡穩定狀態。

第3族到第11族的元素稱為「過渡元素」，是由金屬組成的大家族。**在過渡元素中，即使是週期表中橫向相鄰的元素（屬於不同族的元素）也具有相似的性質**。

第3族到第11族的元素，其最外側殼層電子數幾乎都是1或2個（除了鈀和鈹之外）。由於最外側殼層電子數對元素的化學性質有著重要的影響，因此所有過渡元素都表現出相似的性質。

在典型元素中，隨著原子序的增加，最外側殼層的電子數也會增加。那麼，為什麼在過渡元素中，隨著原子序的增加，最外側殼層的電子數卻幾乎不變呢？**這是因為在過渡元素中，最外側殼層以內的電子殼層中仍有空位，因此電子會優先進入這些空位**（如右圖）。

過渡元素是占據週期表中央部分的一大群金屬元素。在週期表下方被獨立出來的兩排，是被稱為「鑭系元素」和「錒系元素」的群體。

| | 第1族 | 第2族 | 第3族 | 第4族 | 第5族 | 第6族 | 第7族 | 第8族 | 第9族 | 第10族 | 第11族 | 第12族 | 第13族 | 第14族 | 第15族 | 第16族 | 第17族 | 第18族 |
|---|---|---|---|---|---|---|---|---|---|---|---|---|---|---|---|---|---|---|
| 第1週期 | 1 H | | | | | | | | | | | | | | | | | 2 He |
| 第2週期 | 3 Li | 4 Be | | | | | | | | | | | 5 B | 6 C | 7 N | 8 O | 9 F | 10 Ne |
| 第3週期 | 11 Na | 12 Mg | | | | | | | | | | | 13 Al | 14 Si | 15 P | 16 S | 17 Cl | 18 Ar |
| 第4週期 | 19 K | 20 Ca | 21 Sc | 22 Ti | 23 V | 24 Cr | 25 Mn | 26 Fe | 27 Co | 28 Ni | 29 Cu | 30 Zn | 31 Ga | 32 Ge | 33 As | 34 Se | 35 Br | 36 Kr |
| 第5週期 | 37 Rb | 38 Sr | 39 Y | 40 Zr | 41 Nb | 42 Mo | 43 Tc | 44 Ru | 45 Rh | 46 Pd | 47 Ag | 48 Cd | 49 In | 50 Sn | 51 Sb | 52 Te | 53 I | 54 Xe |
| 第6週期 | 55 Cs | 56 Ba | | 72 Hf | 73 Ta | 74 W | 75 Re | 76 Os | 77 Ir | 78 Pt | 79 Au | 80 Hg | 81 Tl | 82 Pb | 83 Bi | 84 Po | 85 At | 86 Rn |
| 第7週期 | 87 Fr | 88 Ra | | 104 Rf | 105 Db | 106 Sg | 107 Bh | 108 Hs | 109 Mt | 110 Ds | 111 Rg | 112 Cn | 113 Nh | 114 Fl | 115 Mc | 116 Lv | 117 Ts | 118 Og |

| 鑭系元素 | 57 La | 58 Ce | 59 Pr | 60 Nd | 61 Pm | 62 Sm | 63 Eu | 64 Gd | 65 Tb | 66 Dy | 67 Ho | 68 Er | 69 Tm | 70 Yb | 71 Lu |
|---|---|---|---|---|---|---|---|---|---|---|---|---|---|---|---|
| 錒系元素 | 89 Ac | 90 Th | 91 Pa | 92 U | 93 Np | 94 Pu | 95 Am | 96 Cm | 97 Bk | 98 Cf | 99 Es | 100 Fm | 101 Md | 102 No | 103 Lr |

## 電子殼層可進一步分為較小的「軌域」

每個電子殼層可進一步分為更小的軌域（副殼層），分別為s、p、d、f、g、h、i 軌域。例如，K層具有1個s軌域，L層具有1個s軌域和3個p軌域（$p_z$、$p_x$、$p_y$），位置愈靠外側的電子殼層，其包含的軌域數量也愈多[編註1]。此外，每1個軌域最多只能容納兩個反向「自旋」[編註2]的電子。下圖用雙格箱子來表示殼層中的軌域。

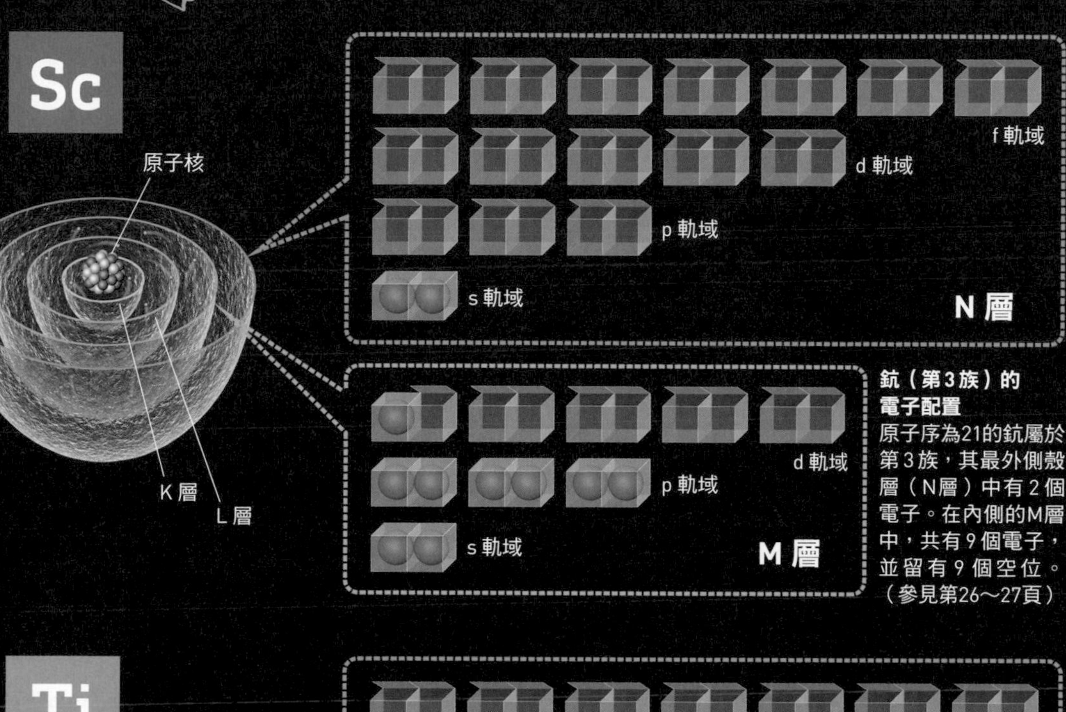


**鈧（第3族）的電子配置**
原子序為21的鈧屬於第3族，其最外側殼層（N層）中有2個電子。在內側的M層中，共有9個電子，並留有9個空位。（參見第26～27頁）

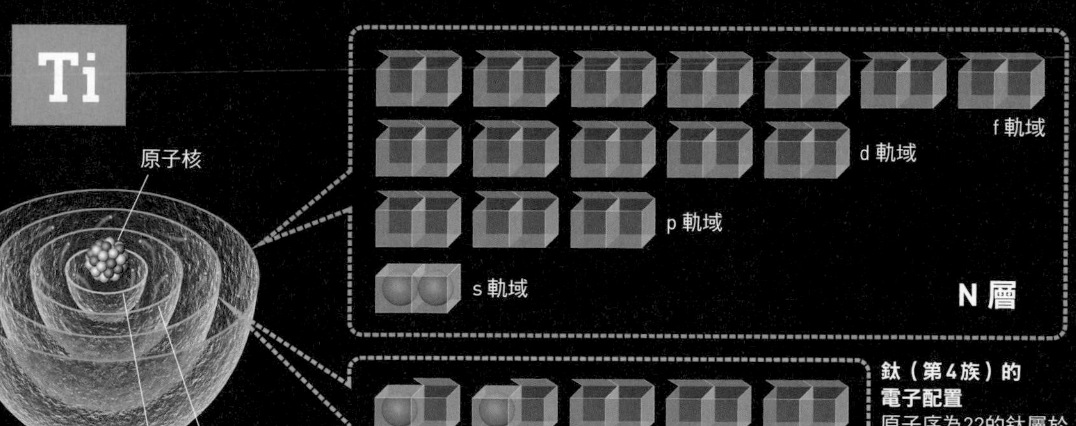


**鈦（第4族）的電子配置**
原子序為22的鈦屬於第4族，其最外側殼層（N層）有2個電子。在內側的M層中，共有10個電子，並留有8個空位。

第3族

# 放出輻射而衰變的「錒系元素」

## 與「錒系元素」一同構成第3族的「鑭系元素」是珍貴的「稀土元素」

### 錒產生的過程

下圖所示為自鈾235開始，逐漸轉變為原子序較小的其他元素的過程（錒衰變鏈）。需要注意的是，放射性衰變分為α衰變和β衰變兩種。編註

編註：α衰變從原子核中射出一個α粒子（由2個質子和2個中子組成，即氦-4的原子核）。α衰變後，原子的質量數會減少4個單位，原子序也會減少2個單位。而正（或負）β衰變從原子核中射出一個正電子（或電子）和微中子，核內的一個質子轉變為中子（或中子轉變為質子）；由於電子和微中子的質量遠小於原子核的質量，可忽略不計，所以β衰變後原子的質量數不變，但原子序會改變。

**鈣鈾雲母**
照片是一種含鈾的礦物，稱為鈣鈾雲母。自然界中的鈾，約99.3%為鈾238，約0.7%為鈾235。

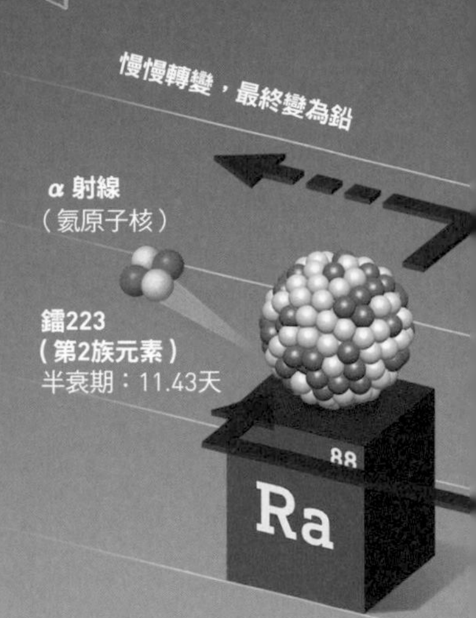


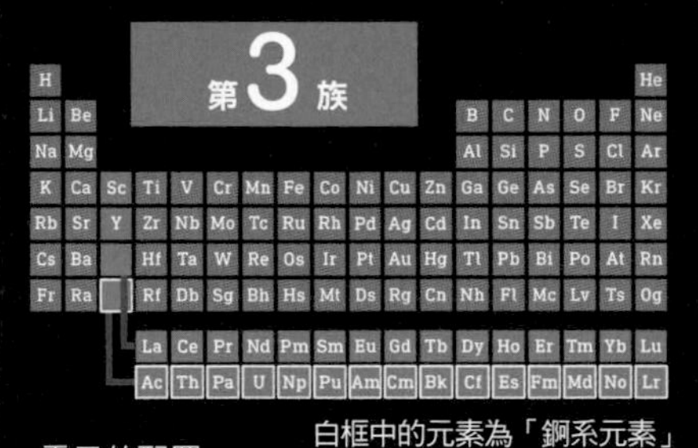


白框中的元素為「錒系元素」

電子的配置
最外側殼層：2～3個
內側軌域的空位：1～13個

錒 Ac 89
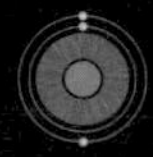

釷 Th 90
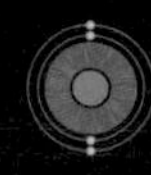

鏷 Pa 91
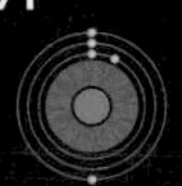

鈾 U 92
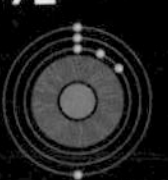

錼 Np 93
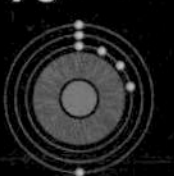

鈽 Pu 94
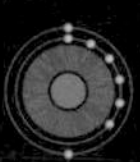

鋂 Am 95
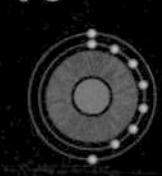

鋦 Cm 96
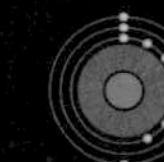

**從**錒（Ac）到鐒（Lr）的15種元素稱為「錒系元素」，全部屬於第7週期的第3族元素。**這些錒系元素都有不穩定的特性，隨著時間流逝會放出輻射並衰變（放射性衰變），變成原子序較小的其他元素**。

錒系元素中最有名的是鈾（U），在鈾之中含有稱為「鈾235」的「同位素※」。核能發電就是利用鈾235放射出中子並進行分裂時，產生的大量熱能來進行發電。

另外，鋂（Am）之後的元素都是人工合成，不存在於自然界中。

**鈧（Sc）、釔（Y）及15種的「鑭系元素」又被稱為「稀土元素」**。

稀土元素被廣泛應用於個人電腦、智慧型手機、汽車和工業機械等的生產，是現代工業中不可或缺的一群元素。

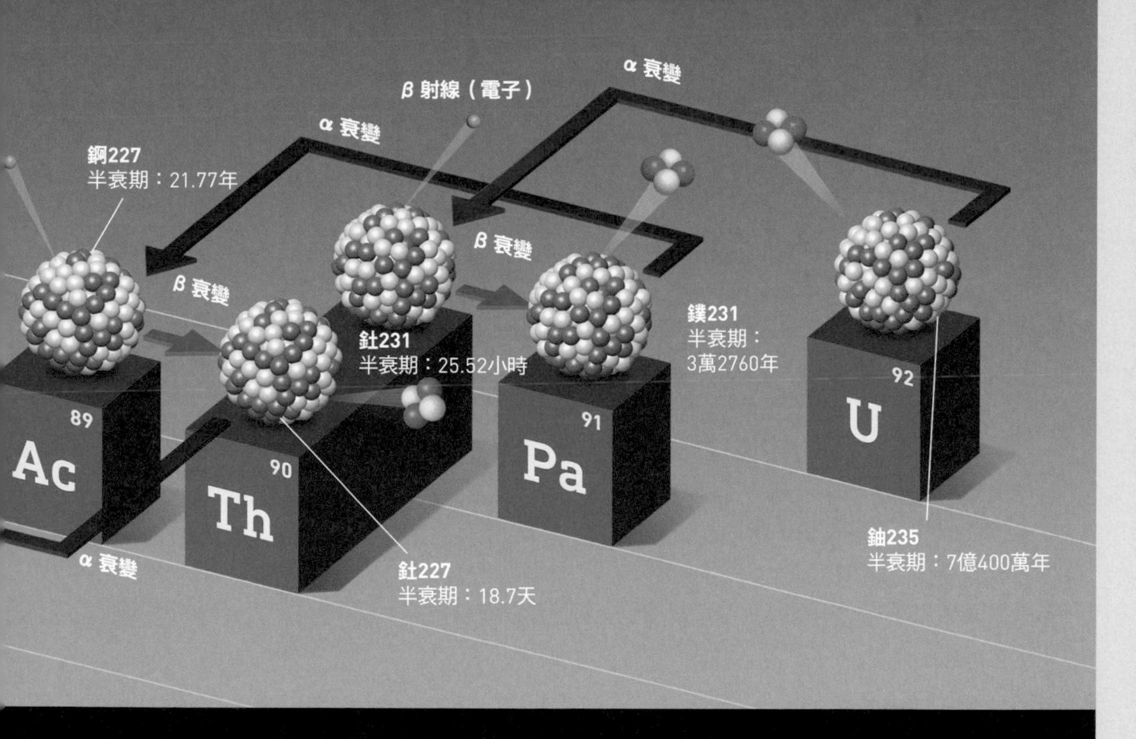


鉳
Bk
97

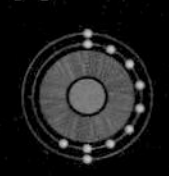

鉲
Cf
98

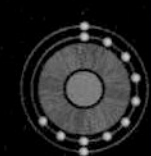

鑀
Es
99

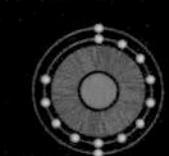

鐨
Fm
100

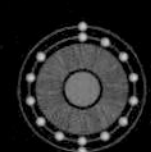

鍆
Md
101

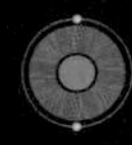

鍩
No
102

鐒
Lr
103

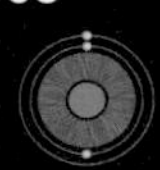

第4族

# 擁有特殊性質的「鈦族元素」

## 即便存在於生活周遭，但提煉第4族元素卻相當困難

編註2：鋯具有極低的中子捕獲截面，中子幾乎可以完全穿透它，撞擊核燃料的原子核，發生核分裂，因此鋯合金可作為核燃料棒的包覆材料。核分裂釋放出的中子會產生連鎖反應，若不加以控制，會在極短時間內以幾何級數增長，造成反應爐熔毀。鉿的中子捕獲截面比鋯大600倍，可以很好地減速和冷卻中子，控制核分裂的速率，因此鉿合金可作為核反應爐的控制棒。

鈦（Ti）、鋯（Zr）、鉿（Hf）是稱為「鈦族元素」的金屬元素。第4族元素包括這三種自然元素，以及一種人工合成元素（經人工合成而被發現的元素）的鑪（Rf）。

**鈦族元素的特性之一，是與氧、氮等的結合力相當強，因此要提煉出這些元素的金屬單質相當困難**。這也是為什麼鈦雖然在地球上是第9豐富的元素，卻由於其高價與珍貴的特性[編註1]，在日本被歸類為「稀有金屬」。

鋯和鉿通常存在於相同的礦石中，而且由於它們的化學性質非常相似，要將鋯和鉿互相分離並不容易。也因此，鉿的發現時間排名是自然存在的元素之中倒數第3。

儘管鋯和鉿在耐熱性和抗腐蝕性方面都表現出色，且具有相似的化學性質，但是這兩種元素卻擁有相反的特性（兩者的中子捕獲截面差距600倍）。這兩種元素都被應用於核反應爐中。

編註1：由於鈦重量輕、強度高、耐高溫、耐低溫、抗強酸、抗強鹼，常用來製造火箭及太空飛行器，因此也被譽為「太空金屬」。

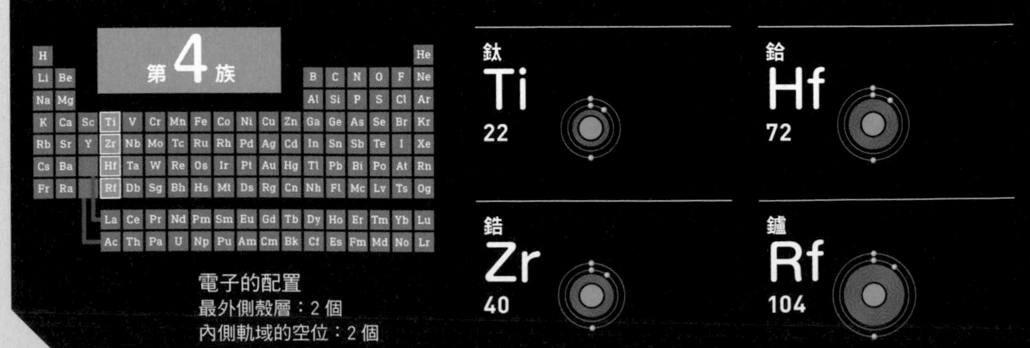

**用於噴射引擎的鈦合金**
在噴射引擎中，除了要求耐熱性和強度外，重量輕盈也很重要，這時鈦合金就派上用場。

**用於核反應爐的鋯和鉿**
收納核燃料的容器（燃料棒）由鋯合金製成。另一方面，控制棒中使用容易吸收中子的鉿。編註2

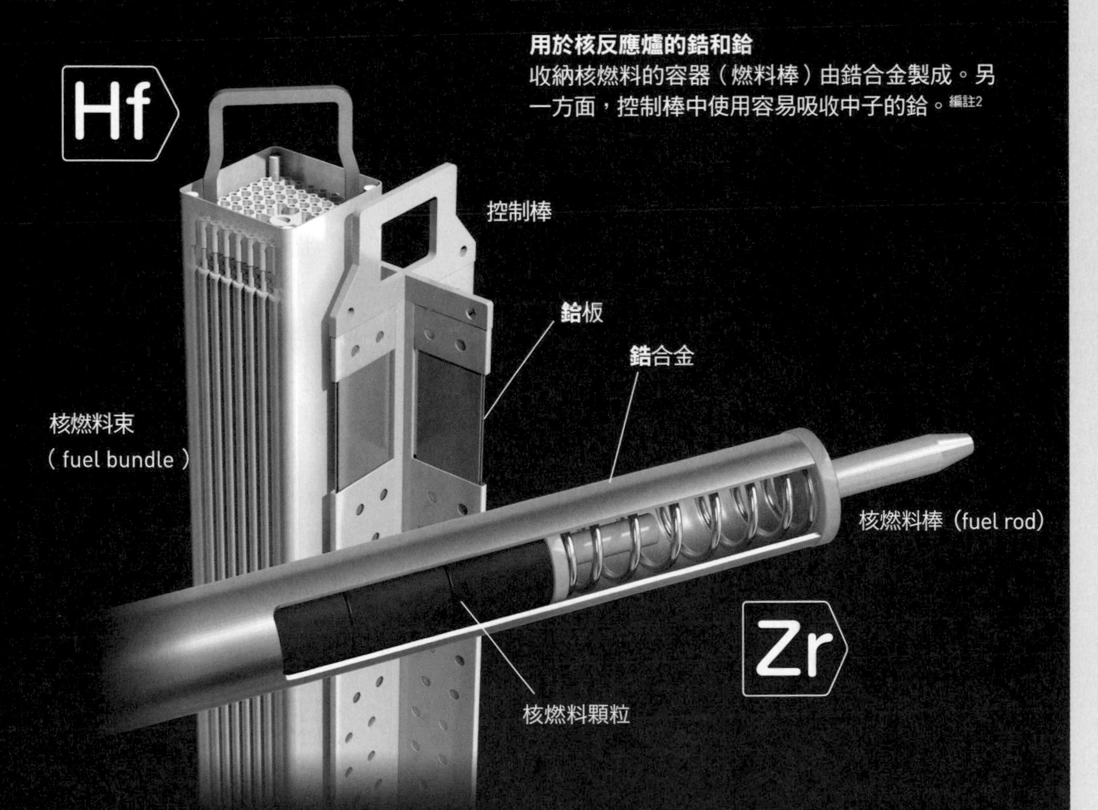

# 形成耐熱合金的「釩族元素」

## 作為壽命長的蓄電池原料而備受期待的釩

釩(V)、鈮(Nb)、鉭(Ta)、𨧀(Db)共同構成第5族。**除了人造元素𨧀外，其餘三種元素統稱為「釩族元素」。釩族元素全為金屬，具有不易腐蝕、耐高溫的特性**。

雖然釩本身是相對較軟的金屬，但與鋼鐵混合製成合金後，能形成非常堅硬的「釩鋼」(vandium steel)。它被用於製作鑽頭、扳手等工具，也被應用於噴射引擎的材料中。

將鈮和鉭混入鋼鐵等材料中，也能形成堅固且耐高溫的合金。此外，由於鉭與第4族的鈦一樣對人體無害，因此它也被用於醫療器材，如人工植牙的固定螺絲等。

釩由於在大規模電池中的應用有助於貯存透過太陽能等再生能源產生的電力，而受到關注。硫酸釩水溶液幾乎不會因充放電而受損，因此釩電池具有壽命長的優勢。此外，它還具有透過調整水溶液量來擴大蓄電容量的優勢。

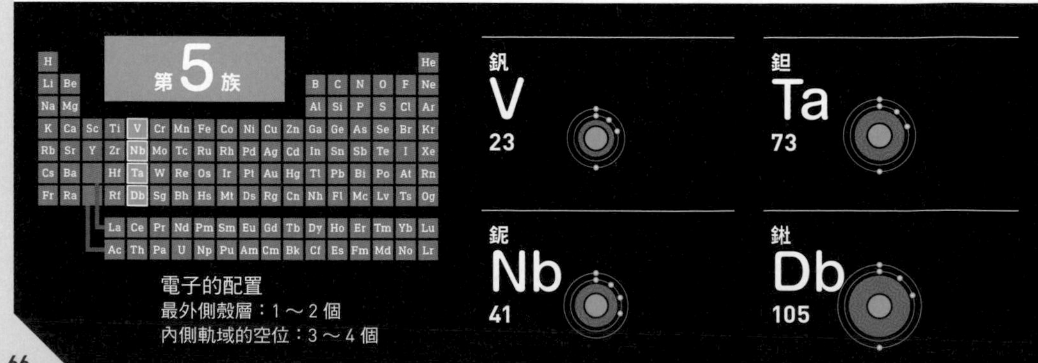

**以鉭製成的人工植牙螺絲**

鉭與第 4 族的鈦一樣，是對人體無害的金屬。因此，它經常被應用於醫療器材中，如用於固定人工植牙的「固定螺絲」等。

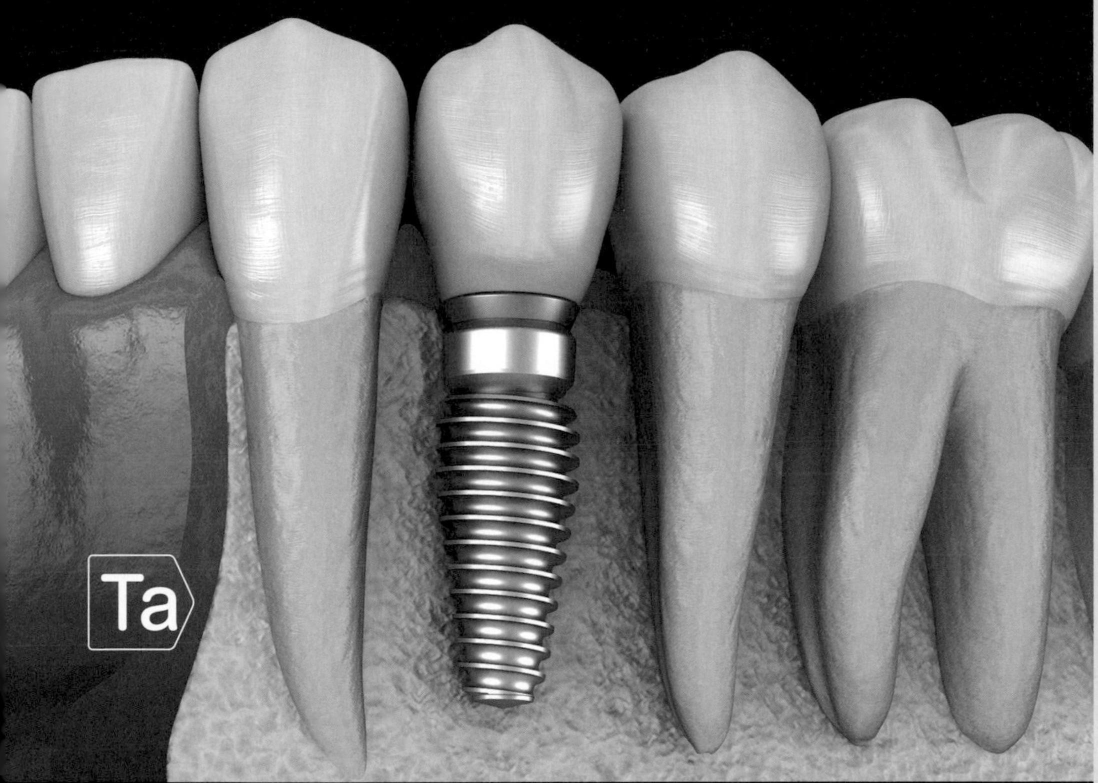

**釩鉛礦**

包含釩的代表性礦物晶體。

第 6 族

# 形成「堅硬金屬」的「鉻族元素」

## 添加微量鉻和鉬於鐵中形成的「鉻鉬鋼」輕巧而堅固

鉻（Cr）、鉬（Mo）、鎢（W）被稱為「鉻族元素」，與第7週期的人造元素𨭎（Sg）四種元素共同組成第6族。**鉻族元素的特點是，與同一週期的其他元素相比，其熔點（由固體轉為液體的溫度）相對較高**。

鉻的熔點在第4週期元素中僅次於釩，位居第2位（1907°C），而鉬在第5週期中排名第1位（2623°C）。至於鎢的熔點非常高，在所有的元素中居首位（3422°C）。**由於熔點的高低大致與金屬的硬度成正比，因此鉻族元素被視為相對堅硬的金屬**。

在鐵中添加超過10.5%的鉻的合金稱為「不鏽鋼」（stainless steel）。其特點是即使沒有塗漆或鍍層，也不容易生鏽。這是因為表面的鉻與空氣中的氧結合，形成一層氧化膜。氧化膜覆蓋表面，藉此防止合金內部被氧化（生鏽）。這種特性使其被廣泛應用於廚房水槽、醫療器具等各種場合。

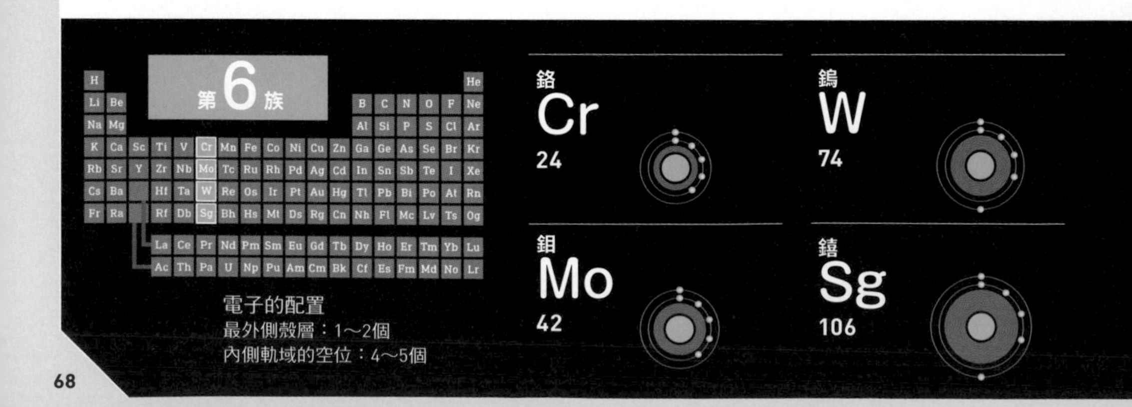

Cr

**全球最高的建築物外牆用不鏽鋼建造**

位於阿拉伯聯合大公國杜拜的哈里發塔，高828公尺，被譽為全球最高的摩天大樓。其外牆使用了在鐵中添加鉻的不鏽鋼，使它能反射陽光。

W

**使用碳化鎢的鑽頭**

以碳化鎢粉末混合鈷等金屬粉末燒結而成的「硬質合金」（hard alloy）[編註]極為堅硬，被廣泛應用於金屬加工、石油鑽探用鑽頭以及醫療用小型鑽頭（超硬工具）等。

編註：硬質合金是一種燒結碳化物（cemented carbide），由細小的碳化物顆粒組成，透過黏結劑金屬（例如鈷）黏合成複合材料。

第7族

# 除了錳之外皆相當稀有的「錳族元素」

## 位於錳之下的元素，「Nipponium」真的存在嗎!?

錳（Mn）、鎝（Tc）、錸（Re）被稱為「錳族元素」，加上人造元素鈹（Bh），組成了第7族的元素。**錳族元素的特點是，其最外殼及次外殼層上的「剩餘電子」總數為7個**。

錳可以增強鐵的強度，也被使用於乾電池中（以二氧化錳作為陰極）。在海底存在著許多由錳酸鹽等組成的物質（錳核，manganese nodule），目前科學家正在研究如何將這些物質作有效的利用。編註1

含有錳的礦物非常多，但週期表位置在錳下方的元素卻十分難以發現。1908年，日本小川正孝（1865～1930）發現了這個元素，將其命名為「Nipponium」，但這個名字卻在日後遭到撤銷。實際上，博士發現的元素並非「Nipponium」，而是「錸」。錸是一種存在量極少的金屬，在穩定元素中是最後被發現的。它具有良好的導熱性，因此常被用於高溫溫度感應器等儀器中。

編註1：錳核由矽酸鹽、鐵氧化物和錳氧化物組成，接觸並覆蓋超過70%的海底表面。錳核內含鐵、錳、鎳、銅和其他稀有金屬，1981年倫敦地質博物館估計海底多金屬結核總量為5000億噸 。但環保人士擔心錳核開採可能影響數萬平方公里的深海生態系統，而生態系統遭破壞後需要數百萬年才能恢復。

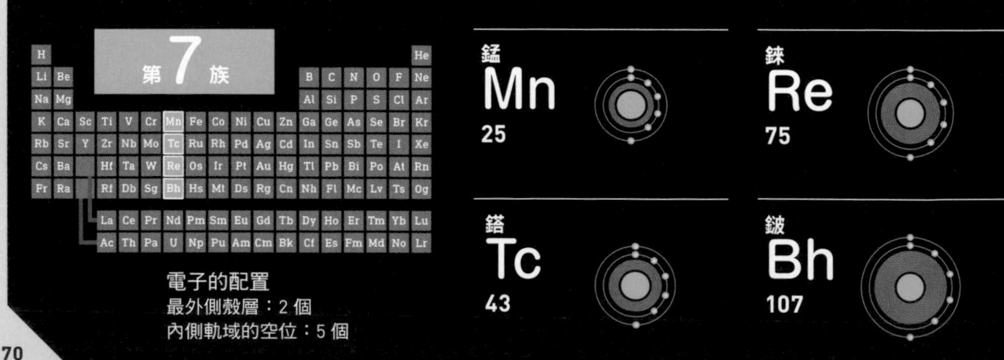

## 1909年公布的元素週期表

*Supplement to the* CHEMICAL NEWS, *December 10, 1909.*

A PERIODIC ARRANGEMENT OF THE ELEMENTS— TABLE IV.

| TYPE | | ELEMENTS. | | | | | | | | | | GROUP |
|---|---|---|---|---|---|---|---|---|---|---|---|---|
| Inactive (Neutral) Gases | | St 0·27 | He 3·98 | Nt 9·75 | Ne 20·0 | Ar 39·9 | Kr 83·0 | Xe 130·7 | RaEm 175· | Z¹ 218· | Z² 251· | O |
| $R_2O$ | | H 1·0074 | Li 7·00 | | Na 23·00 | | Rb 85·45 | Cs 132·81 | | | + | I |
| RO | | | Be 9·1 | | Mg 24·32 | Ca 40·09 | Sr 87·62 | Ba 137·37 | | Ra 226· | | II |
| $R_2O_3$ | | | | B 11·0 | Al 27·1 | Sc 44·1 | Yt 89·0 | La 139·0 | | | | III |
| $RO_2$ | $RH_4$ | | | C 12·00 | Si 28·3 | Ti 48·1 | Zr 90·6 | | | Th 232·4 | | IV |
| $R_2O_5$ | $RH_3$ | | | * | P 31·0 | V 51·2 | Nb 93·5 | | Ta 181·0 | | | V |
| $RO_3$ | $RH_2$ | | | O 16·00 | S 32·07 | Cr 52·01 | Mo 96·0 | | W 184·0 | U 238·5 | | VI |
| $R_2O_7$ | RH | | | F 19·0 | Cl 35·46 | Mn 54·93 | Np 100· | | | | | VII |
| | | | | | | Fe 55·85 | Ru 101·7 | | Os 190·9 | | | VIII |
| | | | | | | Ni 58·68 | Rh 102·9 | | Ir 193·1 | | | VIII |
| | | | | | | Co 58·97 | Pd 106·7 | | Pt 195·0 | | | VIII |
| $R_2O$ | | | | | K 39·10 | Cu 63·57 | Ag 107·88 | | Au 197·2 | | | I |
| RO | | | | | | Zn 65·37 | Cd 112·40 | | Hg 200·0 | | | II |
| $R_2O_3$ | | | | | | Ga 70· | In 114·8 | | Tl 204·0 | | | III |
| $RO_2$ | | | | | | Ge 72·5 | Sn 119·0 | | Pb 207·1 | | | IV |
| $R_2O_5$ | $RH_3$ | | | | | As 74·96 | Sb 120·2 | | Bi 208·0 | | | V |
| $RO_3$ | $RH_2$ | | | O 16·0 | S 32·07 | Se 79·2 | | | | | | VI |
| $R_2O_7$ | RH | | | F 19·0 | Cl 35·46 | Br 79·92 | I 126·92 | | | | | VII |
| | | | | | | | Te 127·5 | Ce 140·25 | | | | IV |
| | | | | | | | | Pr 140·6 | | | | IV |
| | | *N=14·007 I.C.VALUE 1909. | | | | | | Nd 144·3 | | | | IV |
| | | 1 | 2 | 4 | 8 | 16 | 17 | Sa 150·4 | ? | ? | ? | IV |
| | | | | | | | | Eu 152·0 | | | | IV |
| | | | | | | | | Gd 157·3 | | | | IV |
| | | | | | | | | Tb 159·2 | | | | IV |
| | | | | | | | | Dy 162·5 | | | | IV |
| | | | | | | | | Ho | | | | IV |
| | | | | | | | | Er 167· | | | | IV |
| | | | | | | | | Tu 168·5 | | | | IV |
| | | | | | | | | Ny 172· | | | | IV |
| | | | | | | | | Lu 174· | | | | IV |

REPEATING GROUPS. (VIII, VIII, VIII)

REPEATING GROUPS. (IV … IV)

Totals not counting the inactive elements

"RO"-Groups=Higher saline oxides.

"RH"-Groups=Higher gaseous hydrogen compounds.

RARE ELEMENTS, which do not fit into the periodic table, are here shown displaced so as to fall into repeating groups.

NEOYTTERBIUM, Urbain regards as a mixture, and the weight of Holmium lies between 162·5 and 167·

BLUE=Basic or alkaline.

RED=Acidic.

BLUE+RED(non-homogeneous =Tending towards neutrality

PURPLE (homogeneous) =Perfectly neutral

**菱錳礦**

除作為提取錳的礦物之外，亦被廣泛用於裝飾品和觀賞用途。由於其成分因產地而異，因此有著各式各樣的顏色。

### 神祕的元素「Nipponium」

曾擔任日本東北大學校長的小川正孝博士曾遠赴英國，在倫敦大學的拉姆齊（William Ramsay，1852～1916）研究室留學。在這段期間，他成功地從某礦物中分離出新的元素。這個元素被命名為「Nipponium」（Np），並被認為位於元素週期表中錳的下方。該元素在期刊上以Np的形式發表（左圖的紅框）。

然而，由於其他研究者未能發現類似的證據，Nipponium成為了「夢幻的元素」。到了近年，Nipponium的真實身分被確認為位於錳下方兩格的錸編註2，因此小川正孝博士發現了新元素的事蹟是千真萬確的。

編註2：德國科學家1925年重新發現了它，並以歐洲的萊茵河將其命名為Rhenium。

Column

Coffee Break

# 由人工製造的元素們

在目前已知的元素中，有29種是人工合成的元素（如右圖）。**這些元素都是放射性元素，並且沒有穩定的同位素，其特點是會隨著時間的推移而衰變。從原子序93的錼（Np）之後的元素被稱為「超鈾元素」（transuranium element）**。

超鈾元素中有很多壽命不到1秒的元素，它們的性質尚不明確。2016年，日本首次合成的新元素 ── 原子序113的鉨（Nh），也是超鈾元素之一，它的衰變時間僅約為1000分之2秒。

這些元素是透過使用粒子加速器[編註]來加速質子或原子核，然後使它們與另一個原子核碰撞而產生的。透過碰撞能強制性的增加質子數（原子序），從而產生更重的元素。右側所示為鉨的產生過程。

編註：粒子加速器利用電場推動真空管中的帶電粒子，使之獲得高能量，不會被空氣中的分子撞擊而減速或潰散。

**29種人工合成的元素**

在下方的週期表（長式週期表）中，突出顯示的29種元素是人工合成而發現的放射性元素。另外也描繪了鉨的合成和衰變過程。

## 鉨的合成和衰變

將原子序83的鉍（Bi）原子核與原子序30的鋅（Zn）原子核相撞，形成了原子序113（83＋30）的鉨（Nh）原子核。日本理化學研究所的森田浩介博士等人於2004年和2005年檢測到了A路徑的衰變，並於2012年檢測到了B路徑的衰變。

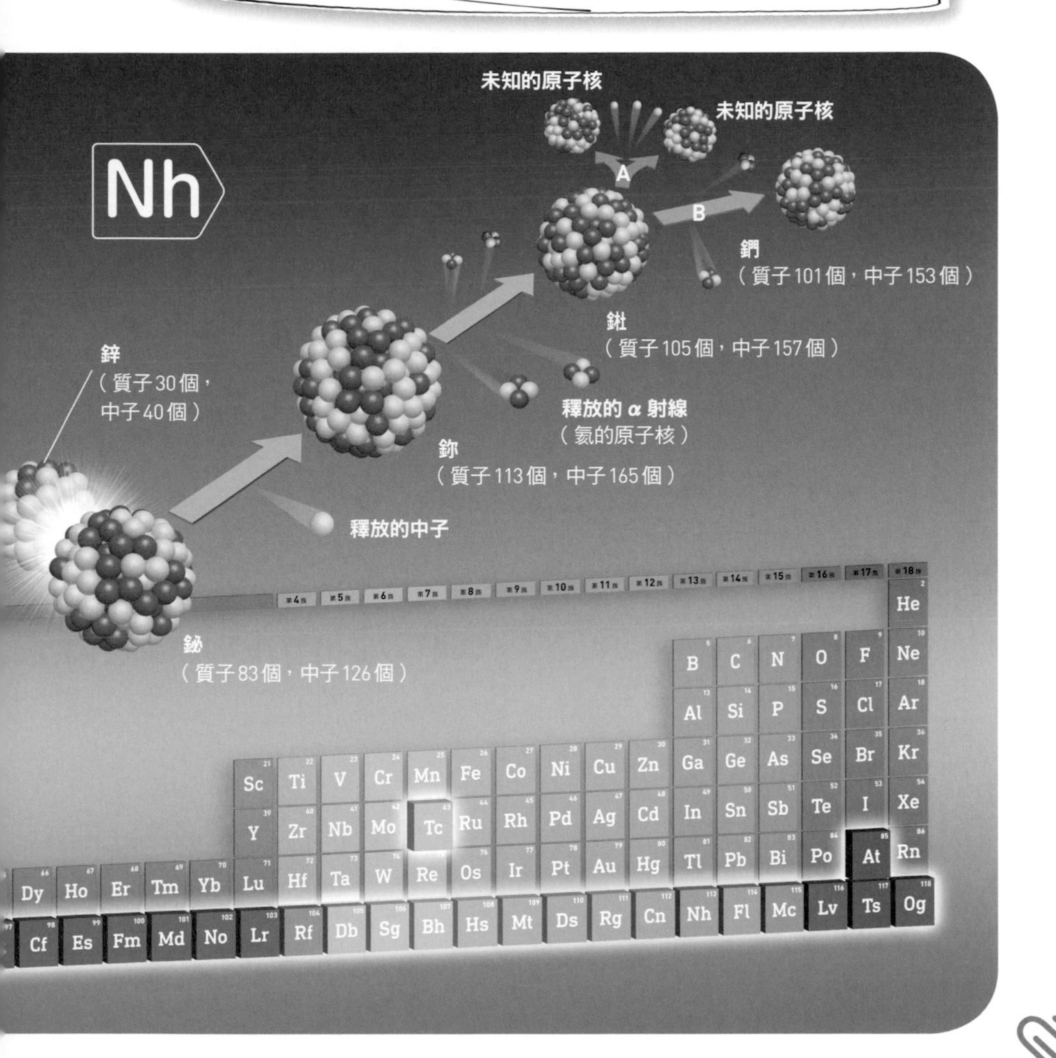

# 推動人類文明發展的「鐵族元素」

## 鈷和鎳被廣泛應用於合金的製造

位於第8～10族的第4週期上，**鐵（Fe）、鈷（Co）、鎳（Ni）三元素連續排列，被稱為「鐵族元素」。這些元素從橫向看過去，反而更能觀察到相似的性質**。

地球質量的3分之1是鐵，其中大部分存在於地球中心的地核之中。

約在西元前1500年左右，西臺人（Hittite）就已經掌握了製鐵的技術。[編註]西臺帝國統治了現今的土耳其地區，倚仗鐵製裝備壓制周邊地區，因此奠定了其霸權地位。

3000年後的18世紀末，工業革命爆發，鐵開始成為工業產品的主角。堅硬、易加工、存量又豐富的鐵，可說是推動人類文明發展的一大關鍵元素。

**鐵的強度取決於其中的含碳量**。以2%為分界線，碳含量較多的「鑄鐵」（cast iron）既硬且脆，而碳含量較少的「鋼鐵」（steel）則具有較強的韌性。

編註：熔煉鐵需1,500°C的高溫，比熔煉銅高約500°C，煉鐵技術促使人類文明從青銅時代跨入鐵器時代。

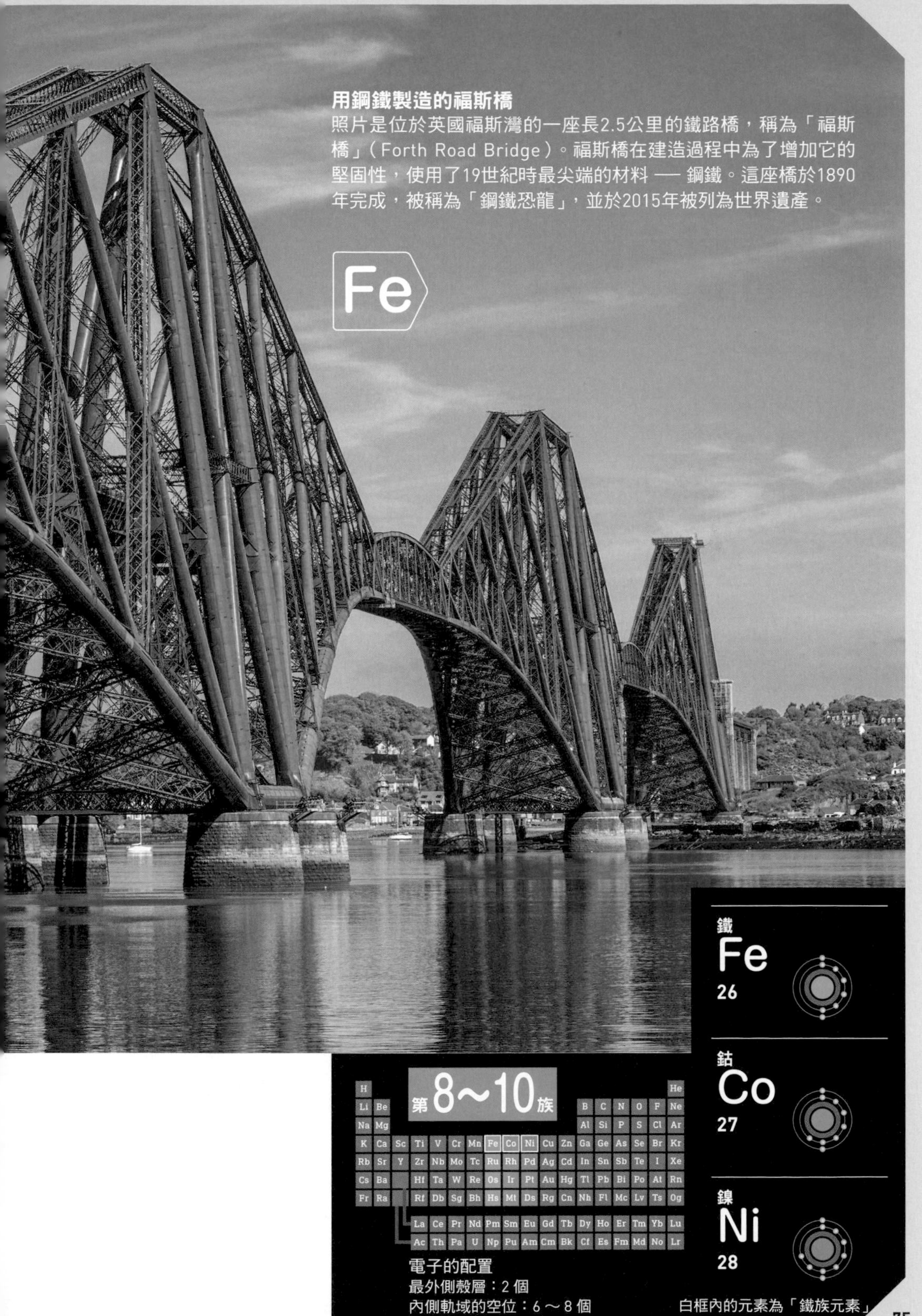


第8～10族

鐵 Fe 26

鈷 Co 27

鎳 Ni 28

電子的配置
最外側殼層：2 個
內側軌域的空位：6 ～ 8 個

白框內的元素為「鐵族元素」

第8～10族

# 支撐社會的催化劑「鉑族元素」

## 催化劑有助於防止廢氣對環境的污染

位於第8～10族的第5～6週期的釕（Ru）、銠（Rh）、鈀（Pd）、鋨（Os）、銥（Ir）、鉑（Pt）稱為**「鉑族元素」，是具有高價值的元素群，常被製作成珠寶首飾**。而位於第7週期的䥑（Hs）、䥑（Mt）、鐽（Ds）則是人造元素。

**鉑族元素也被廣泛應用在「催化劑」上，是現代社會不可缺少的重要角色**。催化劑是一種能促進化學反應的物質，主要應用於化學產品的合成等領域。雖然可促進反應，但催化劑本身在反應過程中基本上是不會改變的。

**由鉑、銠、鈀三種粒子混合而成的「三效催化劑」（three-way catalyst）**[編註] **被廣泛應用於淨化汽車的排放氣體**。

編註：三效催化劑可將碳氫化合物（HC）、一氧化碳（CO）和氮氧化物（NOx）三種污染物轉化為危害較小的氣體。

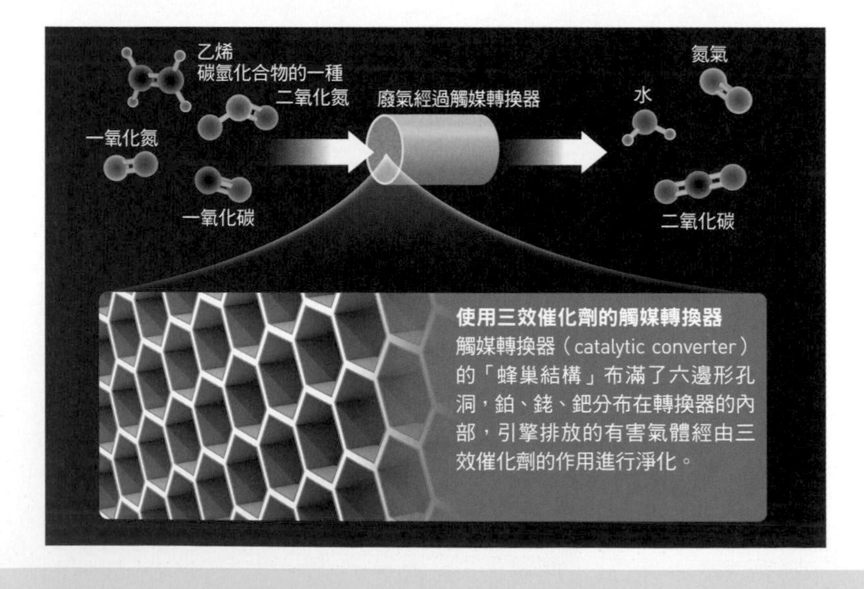


**使用三效催化劑的觸媒轉換器**
觸媒轉換器（catalytic converter）的「蜂巢結構」布滿了六邊形孔洞，鉑、銠、鈀分布在轉換器的內部，引擎排放的有害氣體經由三效催化劑的作用進行淨化。

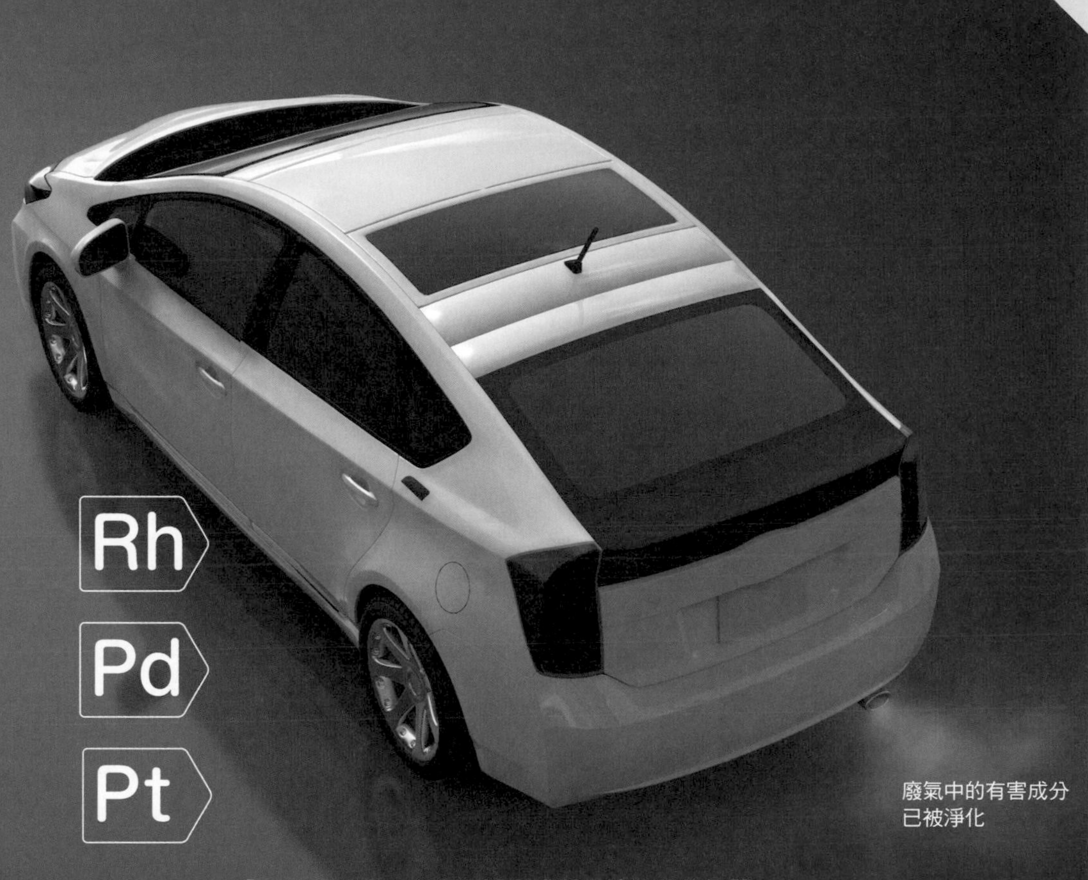


**「三效催化劑」使廢氣轉變成對環境友善的氣體**

在汽車引擎到排氣管之間，有一個用於淨化廢氣的圓筒狀觸媒轉換器。這個轉換器中有許多六邊形孔洞的「蜂巢結構」，因此具有較大的接觸面積，且轉換器的內部含有三效催化劑。透過催化劑的作用，廢氣中的有害成分得以淨化。

## 第8～10族

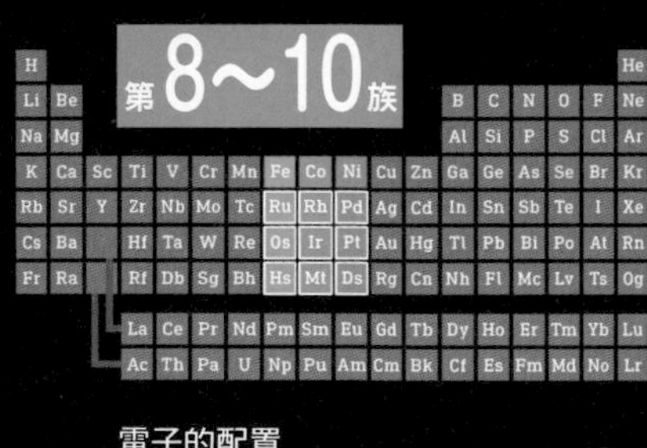

**電子的配置**

最外側殼層：1～2 個
內側軌域的空位：6～9 個
白框內的元素中，位於上兩排的六個元素是「鉑族元素」

註：鈀是例外，其最外側殼層電子數為18個，內側軌域中沒有空位。

釕 Ru 44

鋨 Os 76

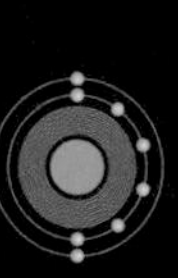

鉔 Hs 108

銠 Rh 45
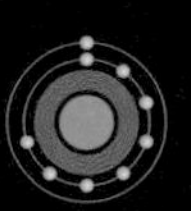

銥 Ir 77
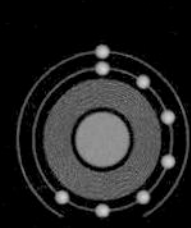

鿏 Mt 109
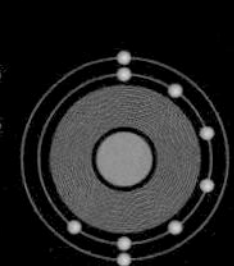

鈀 Pd 46

鉑 Pt 78

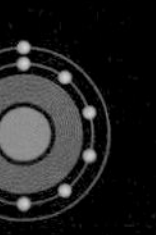

鐽 Ds 110

從週期表解讀元素的性質

第 11 族

# 具有高性能的「銅族元素」

## 金、銀、銅非常容易加工，並且具有優良的導熱性

**身邊的金、銀、銅**

電腦的核心，「中央處理器」（CPU）有時會施加鍍金處理，以防止腐蝕。銀器從古代就已經被廣泛使用，特別受到歐洲的王室和貴族的喜愛。由銅製成的自由女神像原本是紅銅色的，但經過風雨的侵蝕，表面已被「銅綠」所覆蓋。

銀製餐具

自由女神像

**金**（Au）、銀（Ag）、銅（Cu）都是第11族的成員。**在週期表中，從上到下以銅、銀、金的順序排列，稱為「銅族元素」**。其下方的錀（Rg）是人工合成的元素。

**金、銀和銅相對容易從礦石中提取，由於它們擁有美麗的金屬光澤，早在西元前就已經被用於製作裝飾品和硬幣等**。金和銀具有不易形成離子（不易溶於酸中，不易生鏽）的性質，尤其是金經過漫長歲月依然能保持光澤。銀雖然不易與氧發生反應，但會與空氣中的硫化物反應，形成黑色的硫化銀，因此表面會逐漸變黑。[編註]

銅雖是相對不易形成離子的金屬，但仍會逐漸氧化，表面會覆蓋由碳酸銅或硫酸銅所構成，稱為「銅綠」的銅鏽，並變成青綠色。

編註：古代王公貴族用銀針測試飲食中有沒有被下毒，就是利用銀接觸含硫的毒物（古代的砒霜等）時會變成黑色的硫化銀，但若毒物中不含硫，便無法測出。另一方面，銀是親生物金屬，銀離子接觸到細菌時，會被吸收並破壞其細胞膜，殺死大部分細菌。

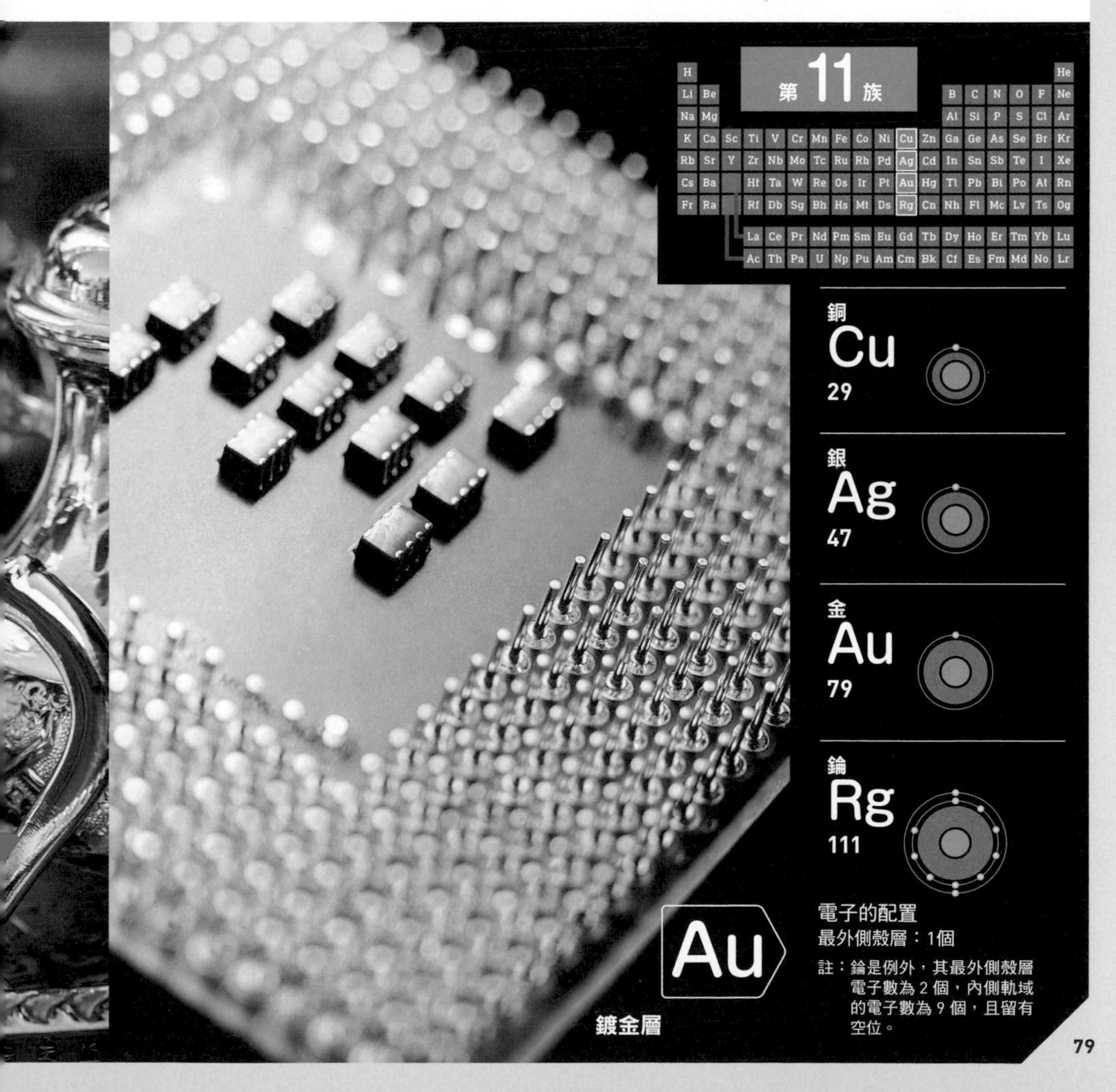

第12族

# 對人體既必需又有害的「鋅族元素」

## 曾在日本的高度經濟成長時期帶來悲慘的公害疾病

**由鎘導致的痛痛病**

神岡礦山位於日本岐阜縣，該區域曾經排放含有鎘的廢水。鎘經由河川進入山麓地帶種植的米和蔬菜中，食用這些作物的居民因此遭受痛痛病的折磨。

Cd

**第**12族元素中的**鋅（Zn）、鎘（Cd）、汞（Hg）稱為「鋅族元素」**。鎶（Cn）是人造元素，其性質尚不清楚。

**鋅是人體必需的元素，一個體重60公斤的人體內約含有1.7克的鋅**。鋅與細胞分裂、合成重要蛋白質的酵素活性等息息相關。因此，缺乏鋅可能導致各式各樣的疾病症狀。

**另一方面，鎘和汞是對人體有害的元素**。鎘是過去曾造成巨大社會問題的「痛痛病」（鎘中毒）[編註]的元凶。由礦山排出的鎘隨廢水流出，污染了河流、土壤等，因而危害了附近居民的健康。

而汞則是在日本熊本縣水俁市引起「水俁病」（Minamata disease）的原因。由工廠排出的甲基汞隨廢水流入海中，經由魚類進入人體並逐漸累積，最終導致神經系統的損害。

編註：慢性鎘中毒導致骨骼軟化及腎功能衰竭，患者關節和脊骨出現極度痛楚。

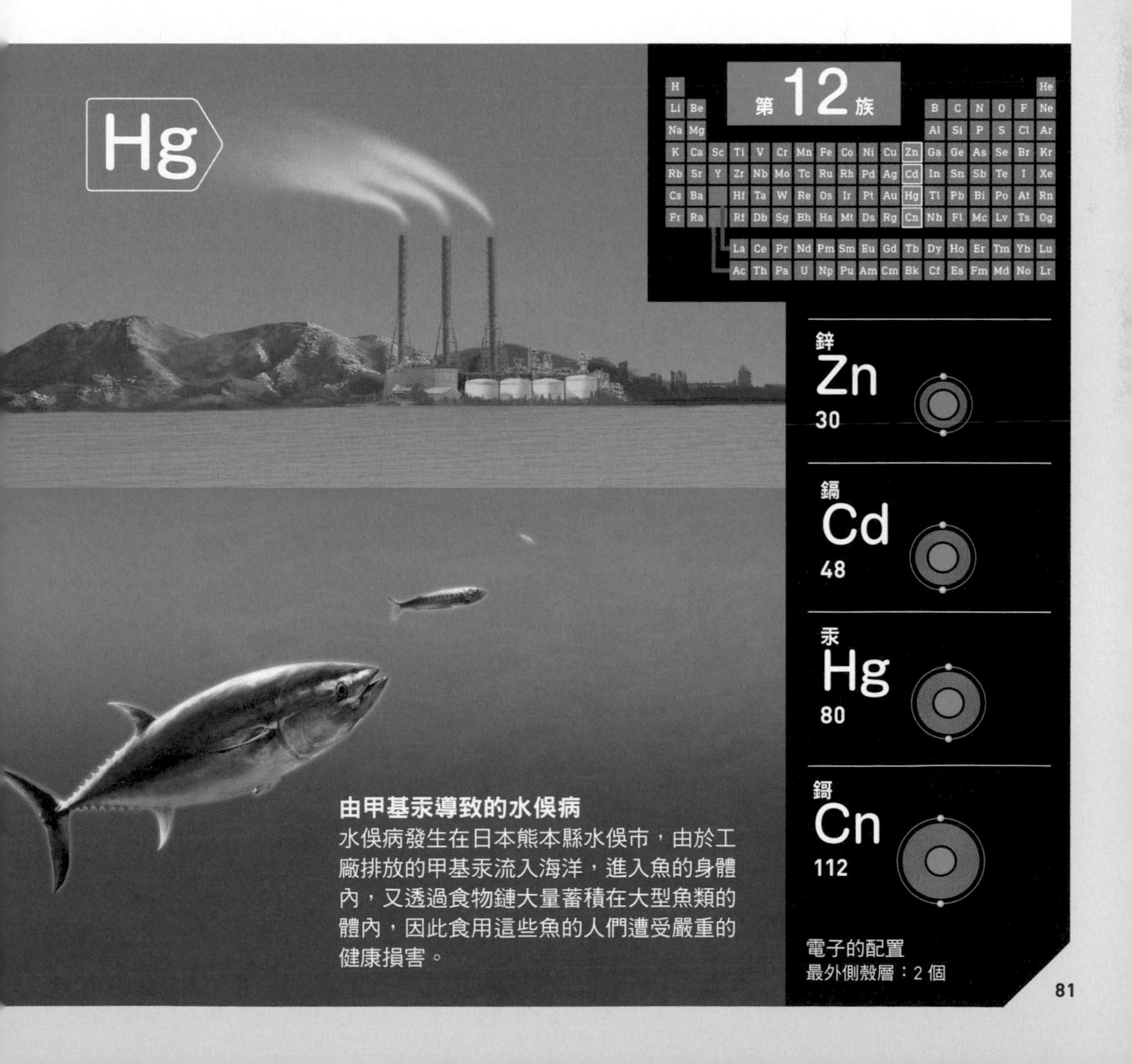


**由甲基汞導致的水俁病**
水俁病發生在日本熊本縣水俁市，由於工廠排放的甲基汞流入海洋，進入魚的身體內，又透過食物鏈大量蓄積在大型魚類的體內，因此食用這些魚的人們遭受嚴重的健康損害。

第13族

# 藍色LED中的關鍵「硼族元素」

## 硼族元素的氮化物是藍色LED的原料

第13族的硼（B）、鋁（Al）、鎵（Ga）、銦（In）、鉈（Tl）稱為「硼族元素」。**在這些元素中，只有硼是具有金屬和非金屬中間性質的元素（類金屬**註**），而其他元素均為金屬。**

金屬之所以能夠形成金屬鍵（metallic-bond），是因為金屬中

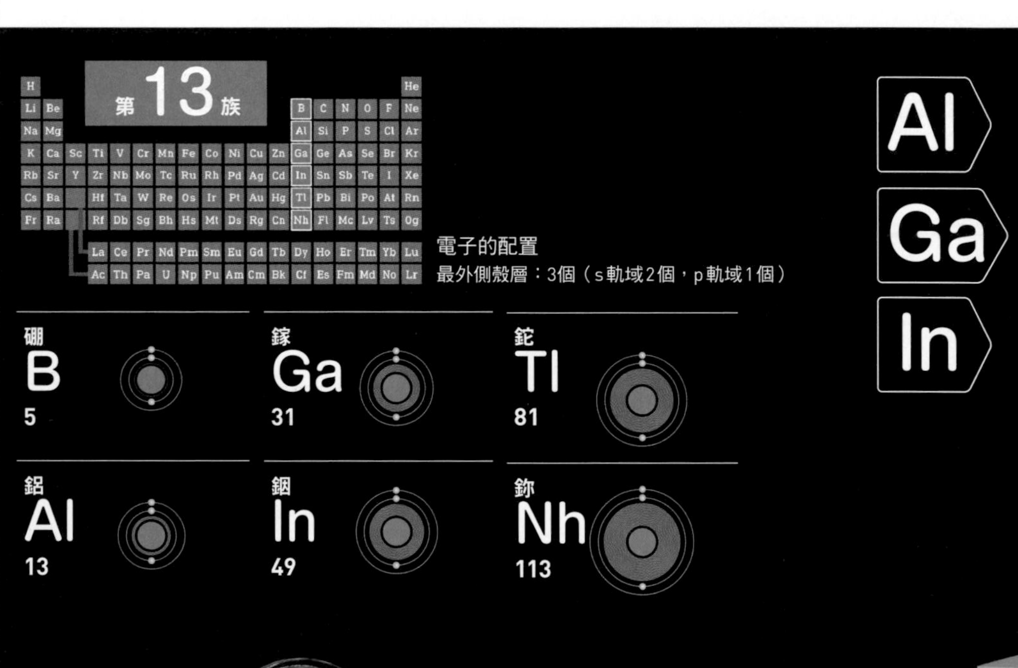

**藍色LED是第13族元素的產物**
插圖描繪了藍色發光二極體（藍色LED）的結構。藍色LED由氮化銦鎵和氮化鋁鎵等第13族元素構成的化合物所組成。

具有大量能自由移動的「自由電子」(free electron),透過這些電子的作用將金屬離子相互連接。而類金屬的硼則是透過原子之間的共價鍵(covalent bond)互相結合。共價鍵是一種由兩個原子共享彼此的電子而產生的鍵結。

以共價鍵形成的物質,一般來說不導電。然而,儘管硼是以共價鍵結合,但仍然擁有少量的自由電子。當硼混入玻璃中時,可以抑制玻璃的膨脹,使其成為耐熱玻璃。

除了硼和鉨(Nh)之外,其他幾個元素也都有各種各樣的應用方式。

編註:週期表中物理與化學特性介於金屬與非金屬之間的元素稱為類金屬(metalloid)。一般將硼、矽、鍺、砷、銻、碲等6種位於週期表金屬和非金屬分界線左右的元素視為類金屬。而導帶(conduction band)和價帶(valence band)之間相隔很窄,介於金屬和半導體之間的材料則稱為半金屬(semimetal),例如錫、鍺、砷、銻、鉍、石墨和鹼土金屬。

**藍色LED的基本結構**

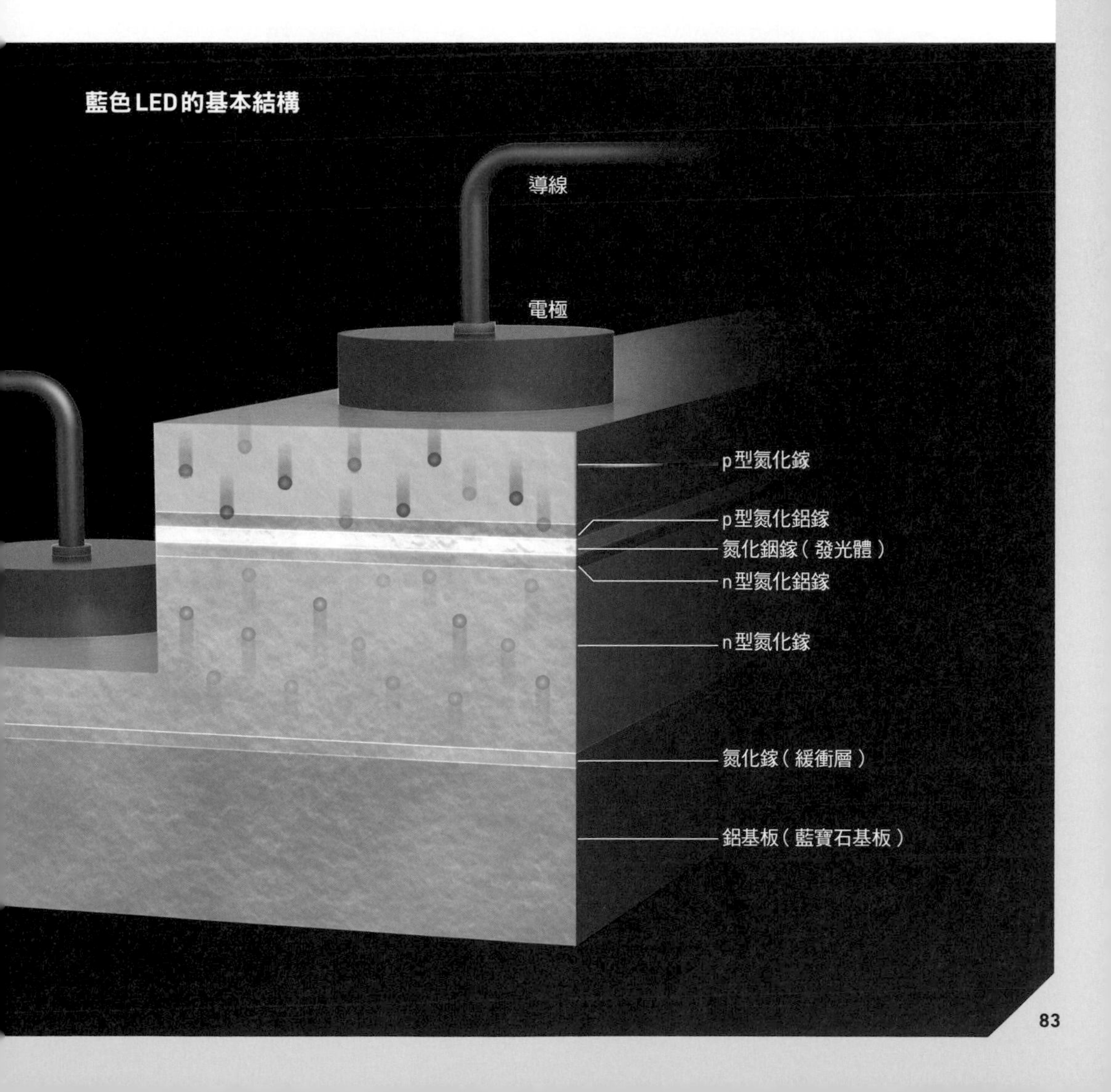

# IT社會中不可或缺的「碳族元素」

## 透過「4隻手」進行連接，創造出各種結構

碳（C）和矽（Si）是非金屬，鍺（Ge）和錫（Sn）是半金屬，鉛（Pb）是金屬，這五者統稱為「碳族元素」。另外，第 7 週期的鈇（Fl）是人造元素。**由於包含了非金屬到金屬等不同類別，元素之間的化學性質有所不同，但它們的共通點是最外側殼層電子數都是 4 個**。

碳能將這四個電子視為「手」，透過共價鍵將原子互相連接起來，形成各種結構。[編註]

此外，**對於自然界中存在的生命來說，碳是構成骨架的元素**。構成動物身體的蛋白質、傳遞遺傳訊息的DNA（去氧核醣核酸），以及形成植物細胞壁的纖維素等，所有屬於「有機物」的分子都以碳原子作為骨架。

編註：兩個（含）以上的碳原子共同使用它們的外層 4 個電子，形成強度比氫鍵強的共價鍵，達到電子飽和的狀態，組成比較穩定和堅固的化學結構。

**矽晶圓（silicon wafer）**
由高純度矽單質製成的板。可用來製作積體電路（integrated circuit，IC）等許多電腦中不可或缺的零件。

**焊接**
用熱焊鐵按壓錫和鉛的合金構成的焊料，使之熔化，進而連接導線或接合金屬。

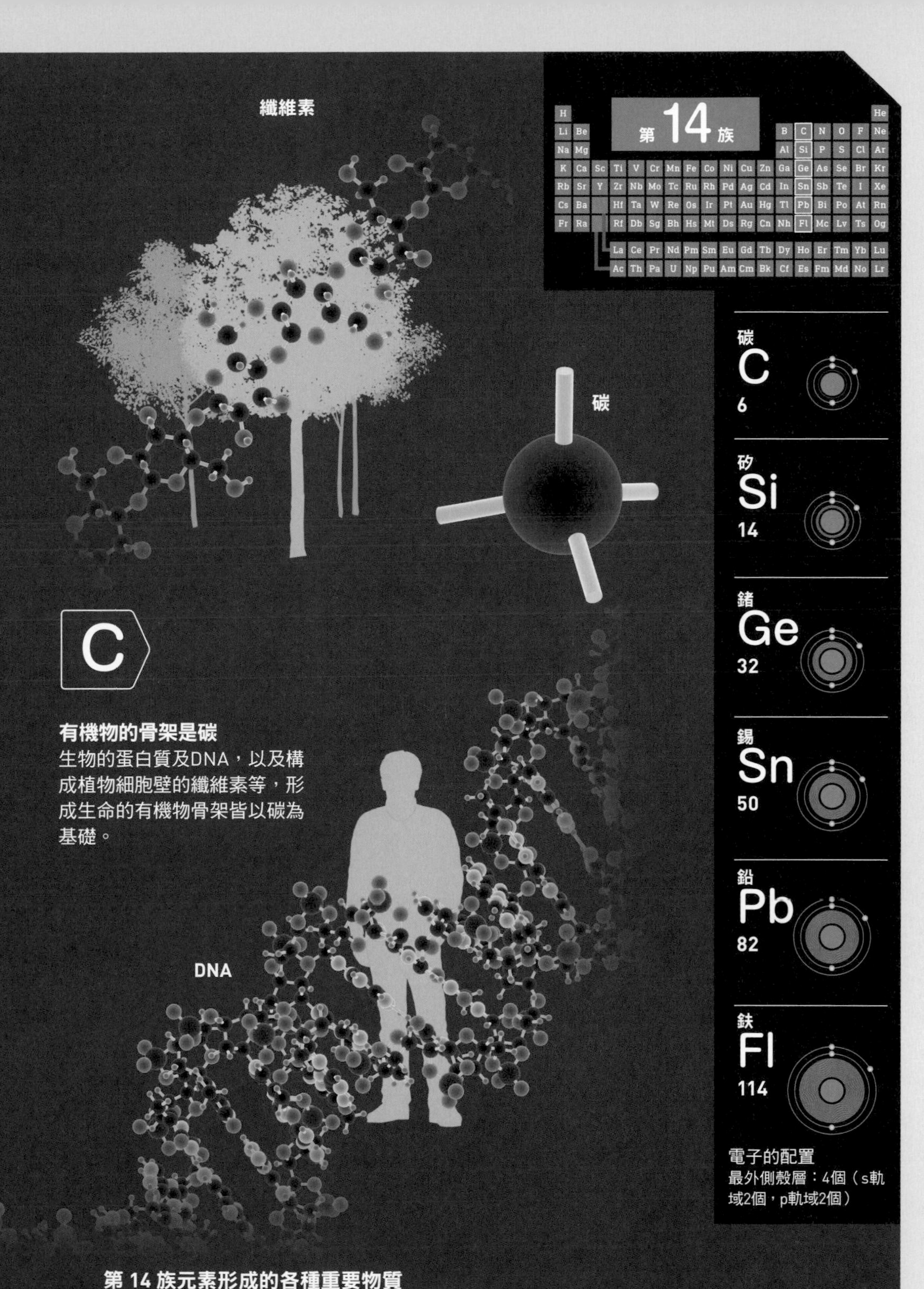


**有機物的骨架是碳**
生物的蛋白質及DNA，以及構成植物細胞壁的纖維素等，形成生命的有機物骨架皆以碳為基礎。

**電子的配置**
最外側殼層：4個（s軌域2個，p軌域2個）

**第 14 族元素形成的各種重要物質**
碳是構成生命分子的骨架。矽作為半導體支撐著IT社會，而錫和鉛的合金則用於焊接。

第 15 族

# 氮和磷是生命不可或缺的「氮族元素」

## 自古就被當作毒藥使用，就連拿破崙也被氮族元素暗殺？

氮（N）和磷（P）皆屬於第15族，是維持生物生命活動所必需的元素。**氮是蛋白質的構成要素，而磷則是DNA和RNA（核糖核酸）的構成元素之一，磷酸鈣更是製造牙齒和骨骼時不可或缺的物質**。

此外，氮和磷還是生物的能量源「腺苷三磷酸」（ATP）分子的構成元素。一名60公斤的人體內含有1.8公斤的氮和600克的磷。

自古以來，砷和銻就被當作毒物使用。據說，曾為法國皇帝的拿破崙死後，其毛髮中檢測出高濃度的砷，因此有一說認為拿破崙可能是被砷所毒害。[編註]

編註：砷舊稱砒，三氧化二砷俗稱砒霜（外觀為白色霜狀粉末）、鶴頂紅（由於技術上的限制，常因混有大量的硫而呈紅色），是最古老的毒物之一。

七彩閃爍的鉍晶體

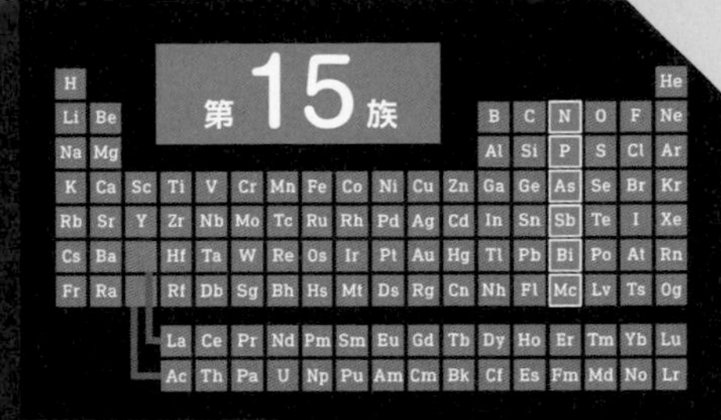


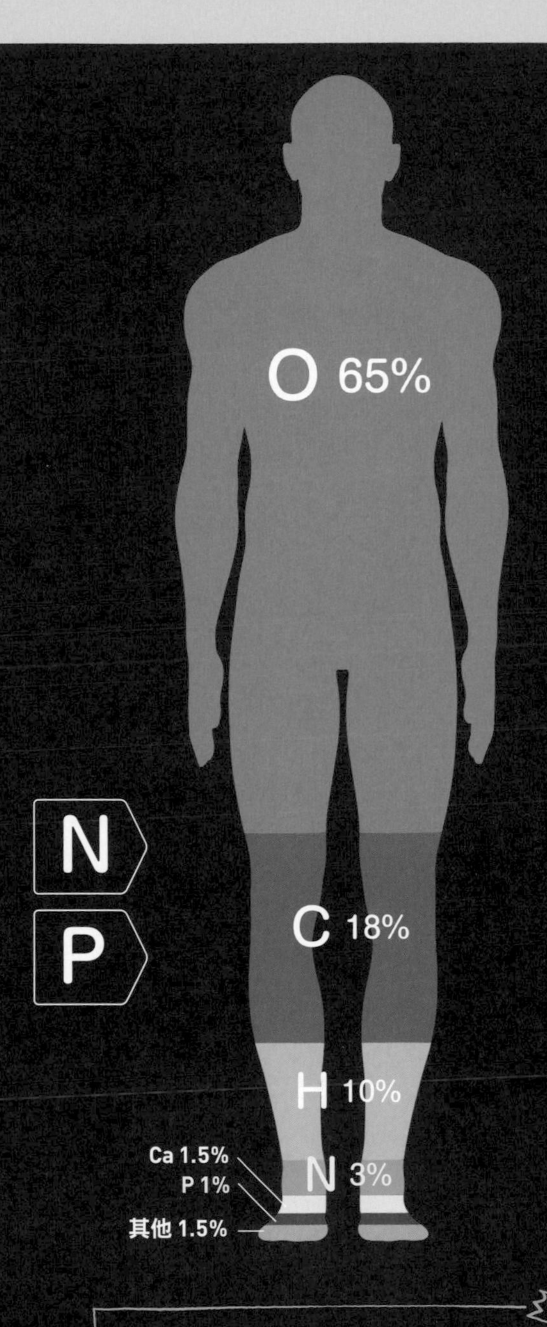


氮
N
7
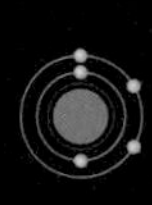

磷
P
15
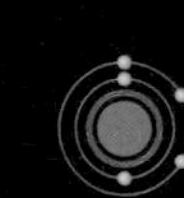

砷
As
33
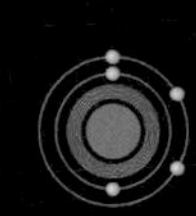

銻
Sb
51
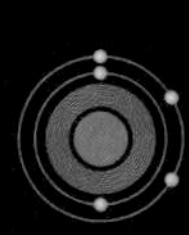

鉍
Bi
83
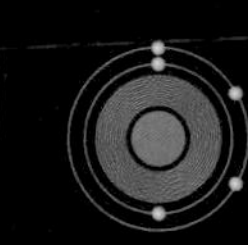

鉍沒有穩定的同位素。

鏌
Mc
115
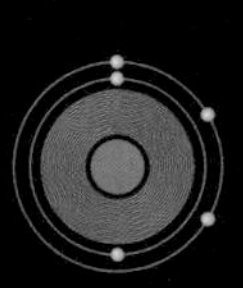

電子的配置
最外側殼層：5個（s軌域2個，p軌域3個）

## 人體所必需的氮和磷

人體由35種元素構成，其中氮和磷是極為重要的元素，約占人體重量的4%。在人體中大量存在含有氮和磷的物質，比如生物體的能量來源ATP等。

第16族

# 形成眾多礦物的「氧族元素」

## 岩漿中含有的硫黃創造出明亮的黃色景觀和強烈的刺激氣味

**氧**（O）、硫（S）、硒（Se）、碲（Te）、釙（Po）被稱為「氧族元素」。這些元素和人造元素鉝（Lv）組成了第16族元素。

**在氧族元素中，只有氧是氣體**。氧約占空氣體積的20%，僅次於氮，是第二多的氣體。**氧也是地殼中含量最豐富的元素，在礦物中以氧化物的形式存在，約占地殼質量的50%**。

由於氧族元素的最外側殼層有2個電子的「空位」，在鍵結時容易從其他元素中奪取電子。

除氧以外的元素被稱為「硫族元素」（chalcogen），由於硫、硒、碲普遍存在於各種礦物中，因此也意指「構成礦物的元素」。

當岩漿噴發到地表時，其中所含的硫就有機會創造出絢麗的色彩景觀。

**黃與紅的絕景 — 達洛爾火山**

在衣索比亞的達洛爾火山（Dallol），可以看到黃色與紅色相交，如夢似幻的景色。黃色是硫和硫化物的顏色，而紅色則是氧化鐵的顏色。

第 17 族

# 激烈反應形成「鹽」的「鹵素」

## 氟和氯的強氧化力，伴隨著強大的毒性

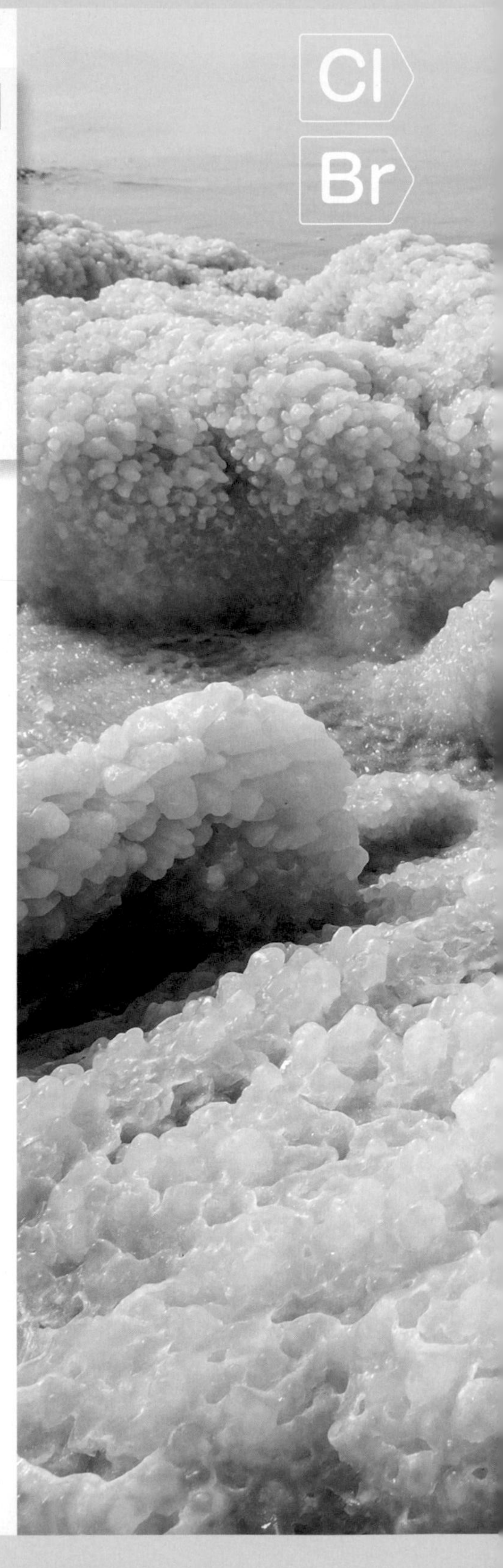


**氟**（F）、氯（Cl）、溴（Br）、碘（I）、砈（At）稱為「鹵素」，而砈和鿬（Ts）是人造元素，這些元素共同構成了第17族。

**鹵素只需在最外側殼層添加一個電子，就能取得穩定的電子配置，因此在全18族中，它們最容易從其他元素中奪取電子（容易氧化）**[編註1]（見右上立體週期表）。由於鹵素會反應形成鹽類，因此在地球上很少有鹵素以單質存在。此外，從氟到碘的鹵素元素的單質因其高氧化力（奪取電子）對人體有嚴重影響，具有強烈的毒性。

由氟和水反應生成的「氟化氫」（HF），用於製造半導體零件和玻璃加工等工藝。此外，氯透過其氧化能力，能殺死細菌和微生物。另外由於氯能分解顏料，因此也被用於漂白劑中。[編註2]

編註1：氧化最初是指與氧反應形成氧化物。後來，該術語擴展到包括完成類似於氧的化學反應的物質。最終，其意義被概括為包括涉及電子損失或化學物質氧化態增加的所有過程。

編註2：漂白劑會破壞色素的化學鍵或將雙鍵轉化為單鍵，消除其吸收可見光的能力。

## 死海湖岸的鹵素化合物

位於以色列和約旦之間的「死海」(Dead Sea)，在過去曾經是海洋的一部份。自海洋分隔出來後，由於水分蒸發，形成了濃度極高的「鹹水湖」。在死海的湖岸上，凝結出了氯化鈉、溴化鎂等晶體。

# 不發生反應的稀有氣體「惰性氣體」

## 由於電子殼層沒有空缺，它們不與其他原子發生反應

位於週期表最右側的第18族元素，除了第118號的鿫（Og）之外，被稱為「惰性氣體」。鿫是一種人造元素，其性質尚不完全了解，**但除了它之外的氦（He）、氖（Ne）、氬（Ar）、氪（Kr）、氙（Xe）、氡（Rn）都是在常溫下以單質存在的氣體**。

惰性氣體元素的最外側殼層中，電子已達到最大容納量，全部填滿，沒有空位，稱為「閉合殼層」，非常穩定。因此它們不需要釋放或接受電子，**也就是說，它們幾乎不與其他物質發生反應。所以，惰性氣體通常以單原子的形式存在**。

這些元素在過去被稱為「稀有氣體」（rare gas），是因為當時人們認為這些元素在自然界中相當罕見。然而，由於它們的存在量其實不算特別稀少，因此後來被改稱為「惰性氣體」（noble gas），因其孤高、不與他人互動。

**電漿球**

內含氖氣和氬氣（有時還包括氙氣）的球體，透過施加高電壓將惰性氣體電漿化，發出紫色光芒。

**以氦氣飄浮在空中的飛行器**

氫和氦都是比空氣輕的氣體，但由於氦既安全穩定且不會引起爆炸，因此被用作飛行器和氣球的填充氣體。

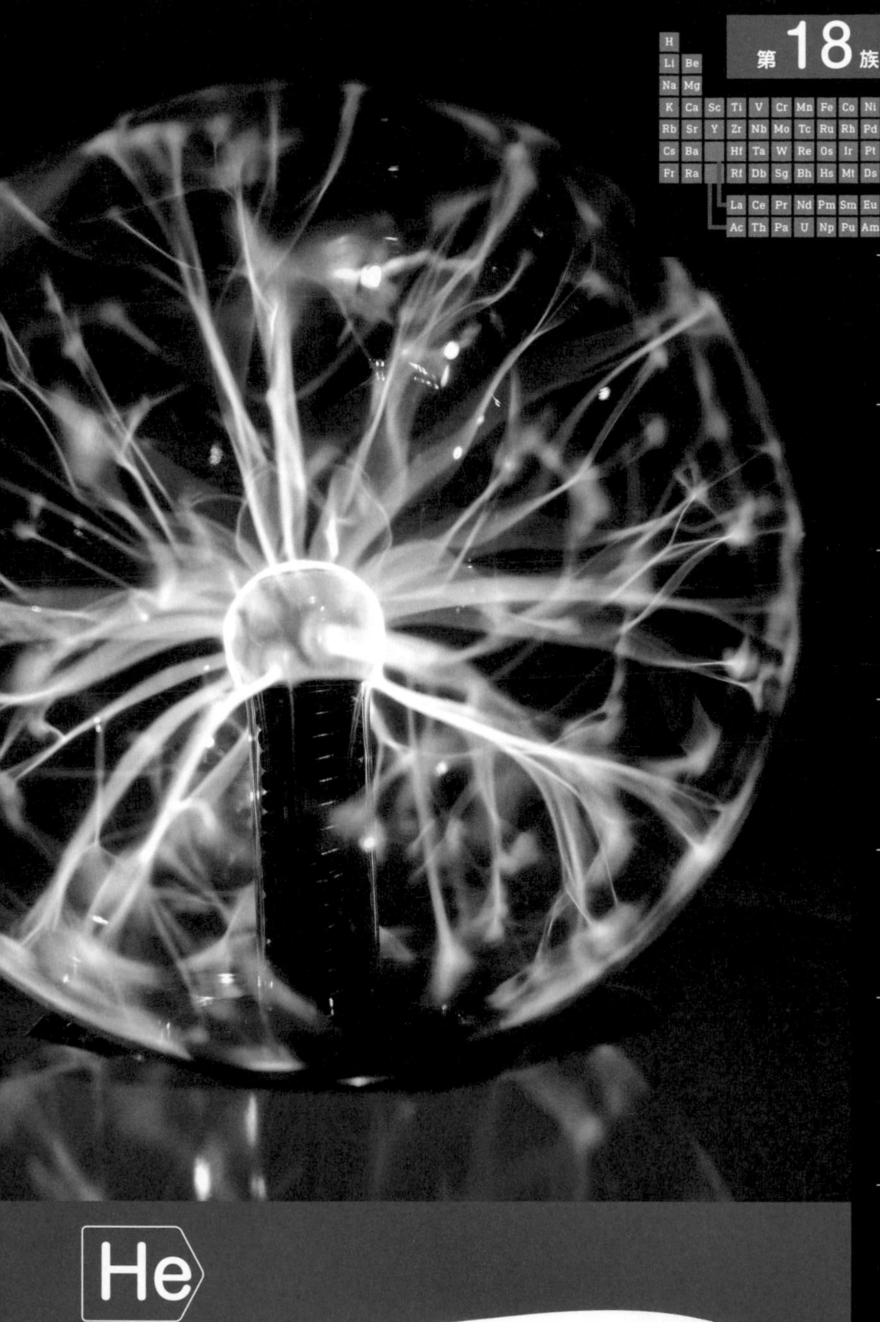

氦
He
2

氖
Ne
10

氬
Ar
18

氪
Kr
36

氙
Xe
54

氡
Rn
86

氡沒有穩定的同位素。

Og
118

電子的配置
最外側殼層：8個（s軌域2個，p軌域6個）

He

Column

Coffee Break

# 海水和血液的成分相似

以成年男性來說，體重的約60%是水，其中約30%為血液和組織液。組織液是指從微血管滲出，填滿細胞和細胞間隙的液體。

溶解在血液和組織液中的主要元素與海水十分相似，都以鈉和氯為主。此外，血液和組織液中還溶有鉀、鈣、鎂等元素，這些元素也是海水中含量豐富的成分。**比較血液、組織液和海水中溶解的元素會發現，雖然濃度有所不同，但溶解的元素種類非常相似**。

為什麼海水和血液、組織液的成分會相似呢？有一種觀點認為，地球上最早誕生的生命是海中的微小單細胞生物。**血液和組織液的成分與海水相似，可能是為了讓人體細胞能夠漂浮在組織液中，就像單細胞生物漂浮在海中一樣**。

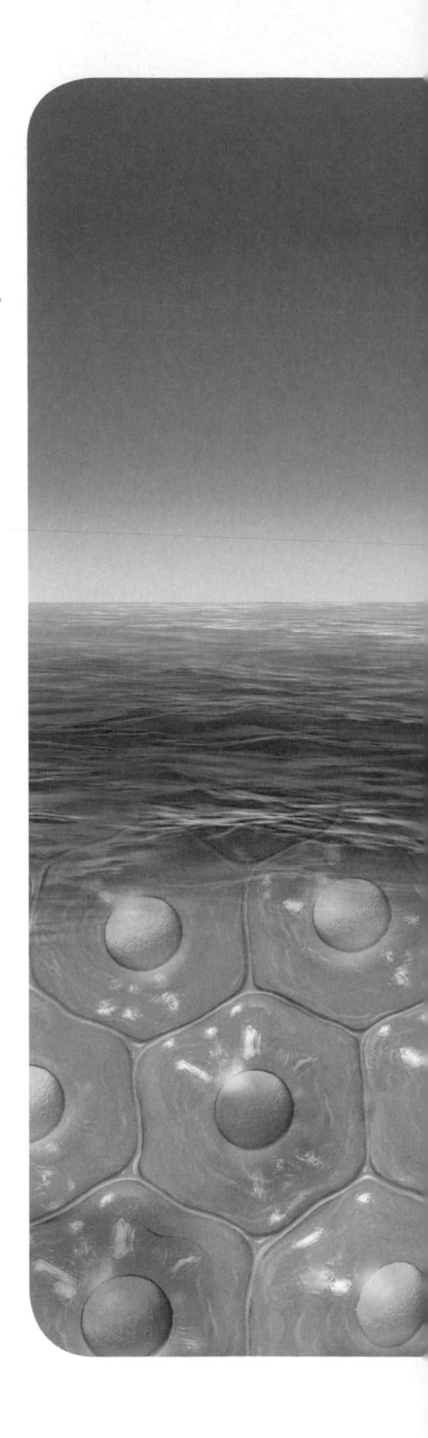

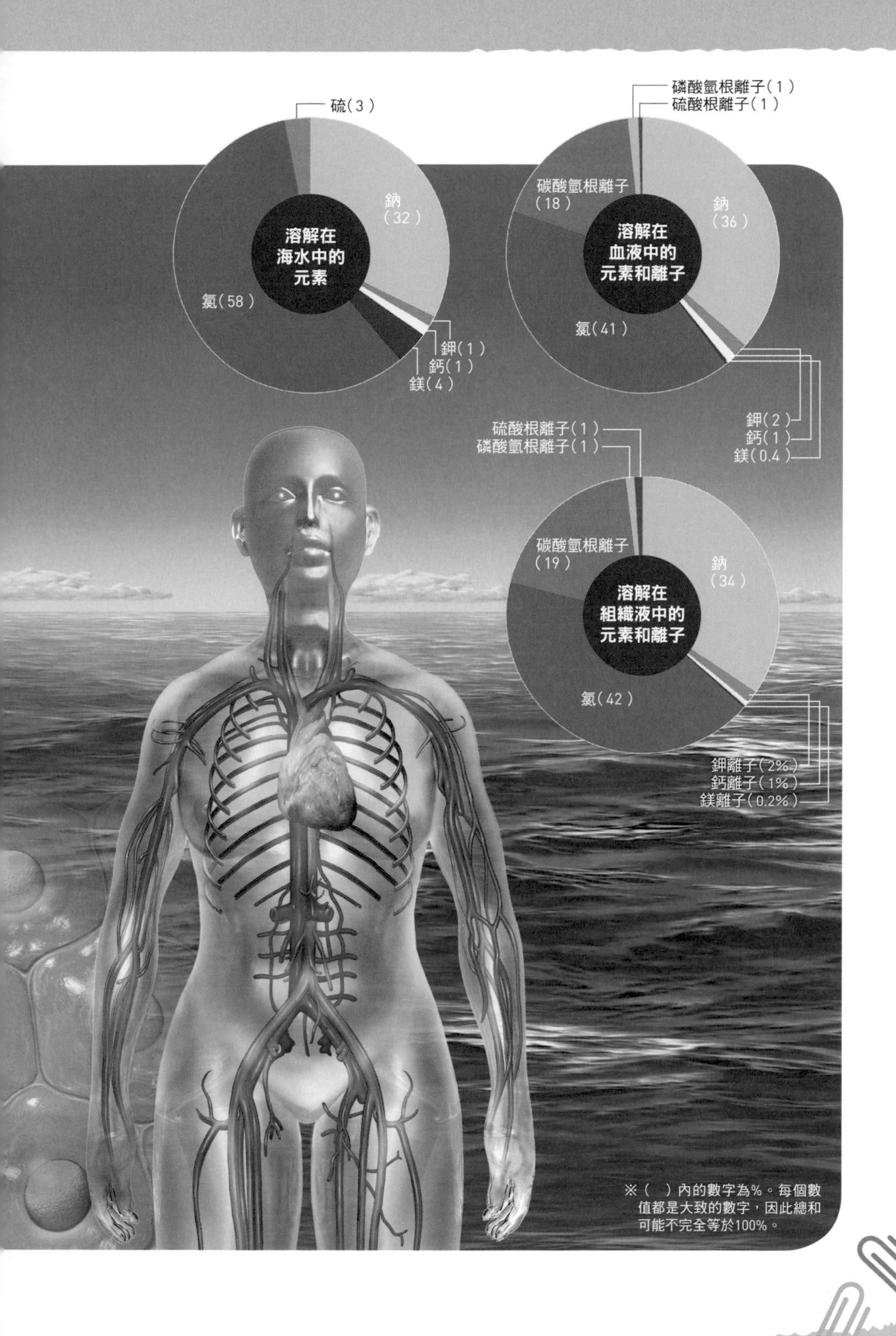
溶解在海水中的元素
硫（3）
鈉（32）
氯（58）
鉀（1）
鈣（1）
鎂（4）
溶解在血液中的元素和離子
磷酸氫根離子（1）
硫酸根離子（1）
碳酸氫根離子（18）
鈉（36）
氯（41）
鉀（2）
鈣（1）
鎂（0.4）
溶解在組織液中的元素和離子
硫酸根離子（1）
磷酸氫根離子（1）
碳酸氫根離子（19）
鈉（34）
氯（42）
鉀離子（2%）
鈣離子（1%）
鎂離子（0.2%）
※（　）內的數字為%。每個數值都是大致的數字，因此總和可能不完全等於100%。

3

# 從週期表來觀察離子的性質

原子透過釋放或吸收電子而形成離子。那麼，離子究竟是什麼呢？讓我們從週期表出發，了解每種元素更容易形成什麼樣的離子。

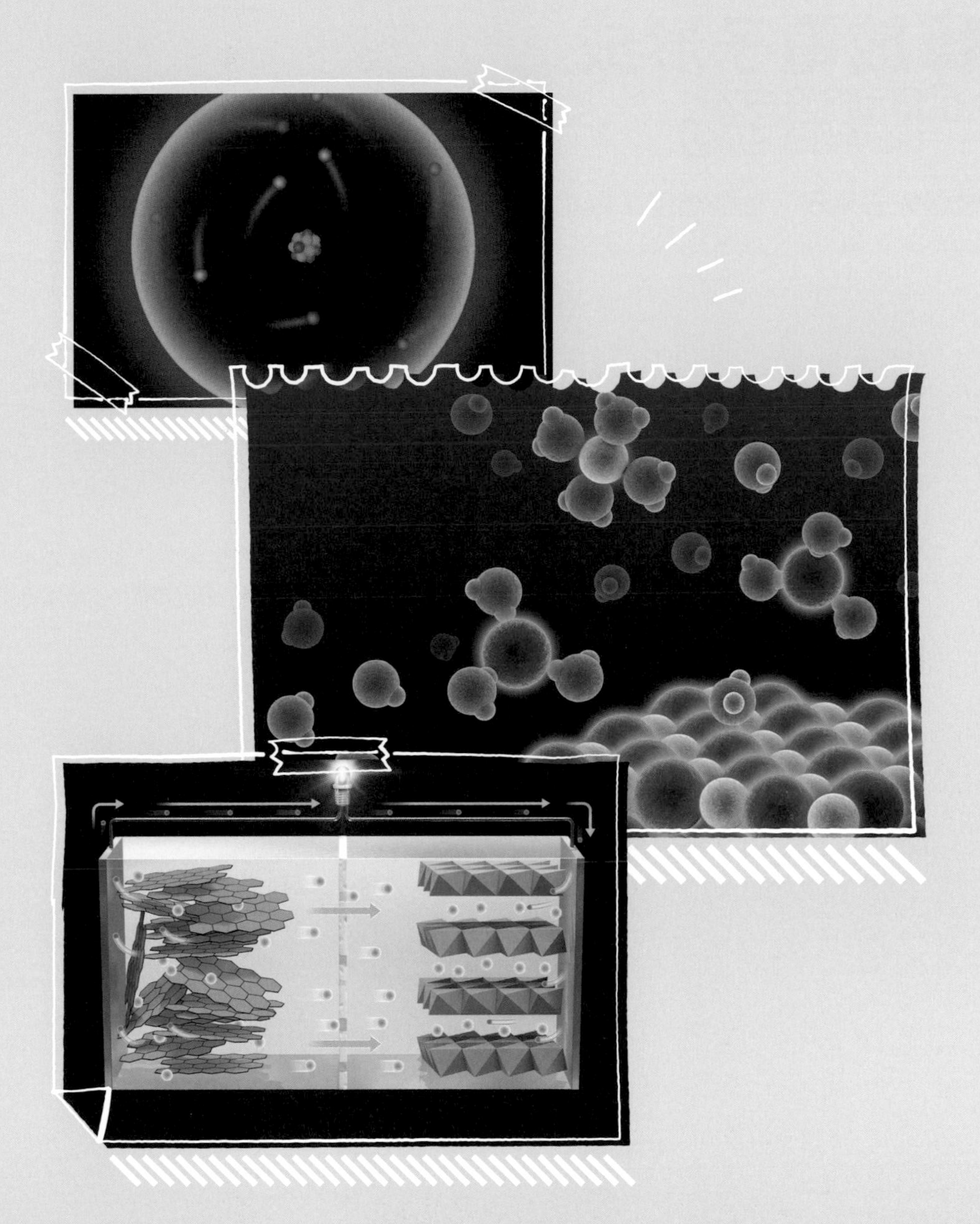

從週期表來觀察離子的性質

# 釋放電子形成「陽離子」

## 透過失去電子，使整體帶正電荷

**鈉原子（Na）**

電　子：11個
質　子：11個
中　子：12個

鈉原子包含11個帶有－1電荷的電子和11個帶有＋1電荷的質子，因此鈉原子呈電中性。

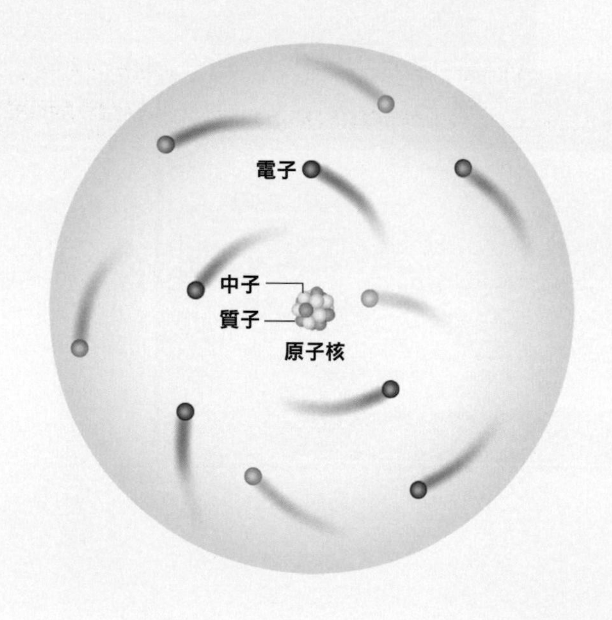

原子是呈電中性的，然而有時會失去電中性。以食鹽的主要成分「氯化鈉」（$NaCl$）為例，氯化鈉是由「鈉離子」（$Na^+$）」和「氯離子」（$Cl^-$）組成的（第102～103頁）。

鈉離子是鈉原子釋放出一個電子後形成的結構。**當原子失去電子時，整體會帶正電荷，這種粒子稱為「陽離子」**。

那麼，為什麼鈉原子會釋放一個電子呢？這是因為這樣可以讓鈉原子變得更穩定。當原子的最外側殼層被填滿或填入8個電子時，就會處於穩定狀態。編註 而鈉原子的最外側殼層只有1個電子，幾乎都是空位，因此一旦釋放這個電子，由於內側的殼層早已是填滿電子的狀態，所以變得穩定。

編註：主族元素傾向於以每個原子在其最外側殼層具有8個電子的方式鍵合，使其具有與惰性氣體相同的電子組態，稱為八隅體法則（octet rule），特別適用於碳、氮、氧和鹵素。

**鈉原子釋放電子以達到穩定狀態**

鈉原子的最外殼層只有1個電子，並且有許多空位。釋放這個價殼層的電子後，整體形成帶正電且性質穩定的鈉離子。

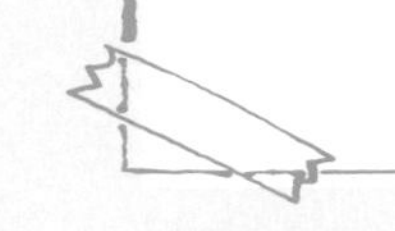

**鈉離子（$Na^+$）**

電　子：10個
質　子：11個
中　子：12個

鈉離子包含10個帶有－1電荷的電子和11個帶有＋1電荷的質子，因此鈉離子整體帶＋1電荷。

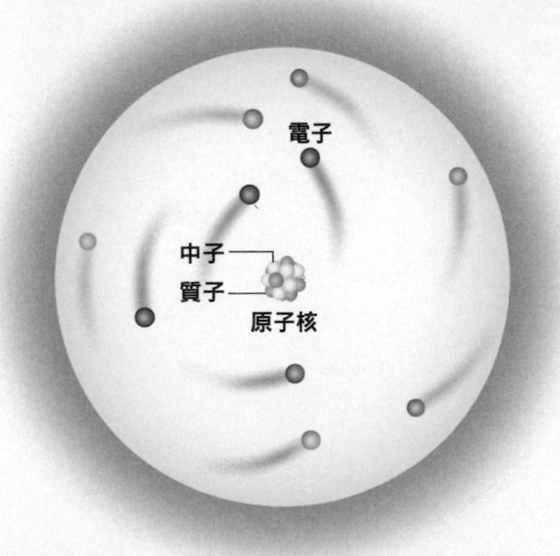

# 接收電子形成「陰離子」

## 透過獲得電子，使整體帶負電荷

**氯原子（Cl）**

電　子：17個
質　子：17個
中　子：18個

氯原子包含17個帶－1電荷的電子和17個帶＋1電荷的質子，因此氯原子呈電中性。

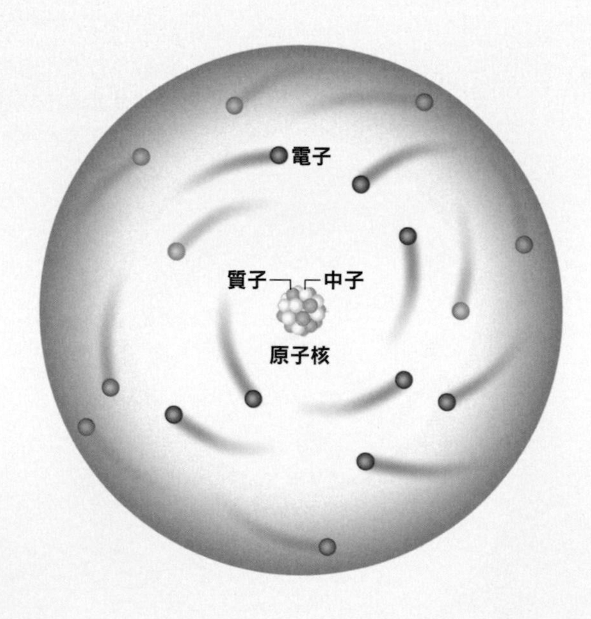

接下來，讓我們來探討氯離子（Cl⁻）的形成過程。氯離子是氯原子接收1個電子後形成的狀態。**原本是電中性的原子接收電子後，整體就帶負電荷，這樣的粒子稱為「陰離子」**。編註

為什麼氯原子會接收電子呢？這是因為與鈉原子一樣，這樣能使結構更穩定。氯原子的最外殼層（M層）中有7個電子。儘管M層的最大容納量是18，但根據八隅體法則，當填入8個電子時也會變得穩定。因此，氯原子傾向接收1個額外的電子，形成氯離子。

編註：陰離子（anion）源於希臘文ano，意思是「向上」。陽離子（cation）源於希臘文kato，意思是「向下」，它們之所以如此命名，是因為離子朝相反電荷的電極移動。

### 氯原子獲得電子以達到穩定狀態

氯原子的最外側殼層有7個電子，且其p軌域中只剩一個空位。當這個空位被電子填滿時，整體形成帶負電荷且性質穩定的氯離子。

**氯離子（$Cl^-$）**

電　子：18個
質　子：17個
中　子：18個

氯離子包含18個帶－1電荷的電子和17個帶＋1電荷的質子，因此氯離子整體帶－1電荷。

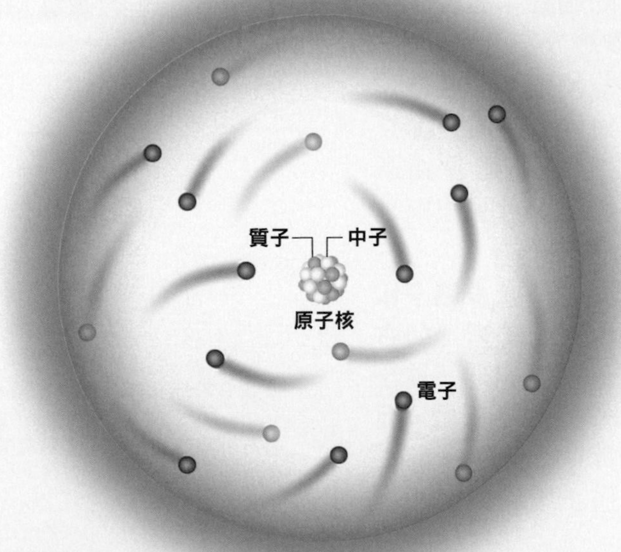

# 食鹽的顆粒是離子的晶體

## 食鹽是透過「靜電力」結合在一起的

作為調味料使用的食鹽，其實是溶解於海水中的各種離子凝結後形成的固體，其主要成分是「氯化鈉」（NaCl）。

在1公斤的海水中，大約溶有35克的物質。其中約30.6%（約10.7克）是鈉離子（$Na^{+}$），約55.1%（約19.3克）是氯離子（$Cl^{-}$）。這些鈉離子和氯離子在海水蒸發的過程中結合，形成食鹽的主要成分氯化鈉。

右上方的照片是使用顯微鏡放大拍攝的氯化鈉晶體，即食鹽的主要成分。晶體是指原子、分子、離子等粒子規則地排列形成的固體物質。

**在氯化鈉的晶體中，鈉離子和氯離子規律地交替排列**（如右下插圖）。鈉離子和氯離子結合的原因，是鈉離子帶有正電，而氯離子帶有負電。鈉離子和氯離子之間透過正電和負電相互吸引，靠近並結合在一起。編註

值得注意的是，即使鈉離子和氯離子結合在一起，它們仍然以離子的形式存在。由於靜電力（coulomb electrostatic force，庫倫靜電力）作用於四面八方，因此鈉離子和氯離子能連續地結合，形成氯化鈉的晶體。而**在整個晶體中，鈉離子和氯離子的數量相等，因此呈電中性**。

編註：瑞典化學家阿倫尼烏斯（Svante Arrhenius）在1884年提出了對結晶鹽即使在沒有電流的情況下溶解時解離成成對帶電粒子的解釋，因此獲得了1903年諾貝爾化學獎。

## 食鹽（NaCl）的晶體

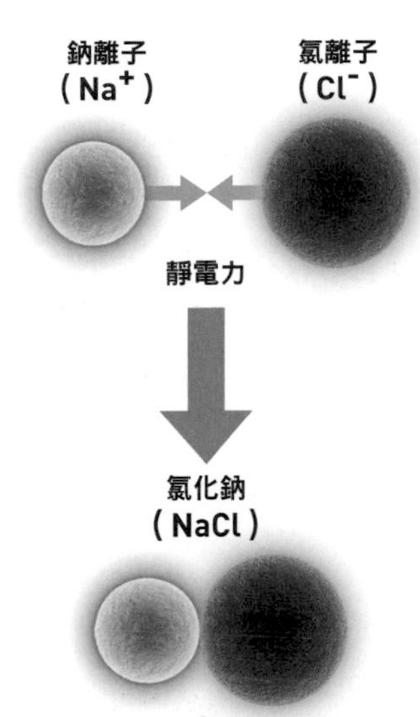


## NaCl晶體中離子的排列方式

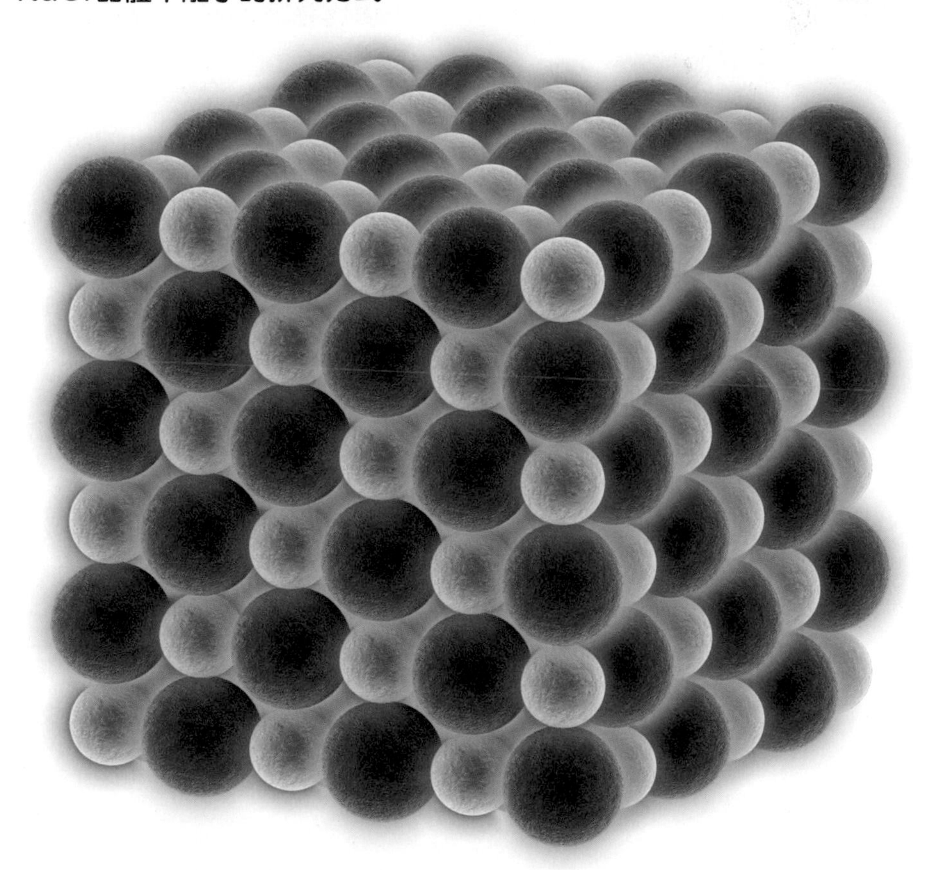

註：氯化鈉的晶體並不是由ＮａＣl這個分子組成的。無論多少個鈉離子和氯離子互相結合，鈉離子和氯離子之間的比例都是1：1，因此才會以「NaCl」表示。

從週期表來觀察離子的性質

# 同一族的元素形成類似的離子

## 最外側殼層的電子數量影響離子的形成傾向

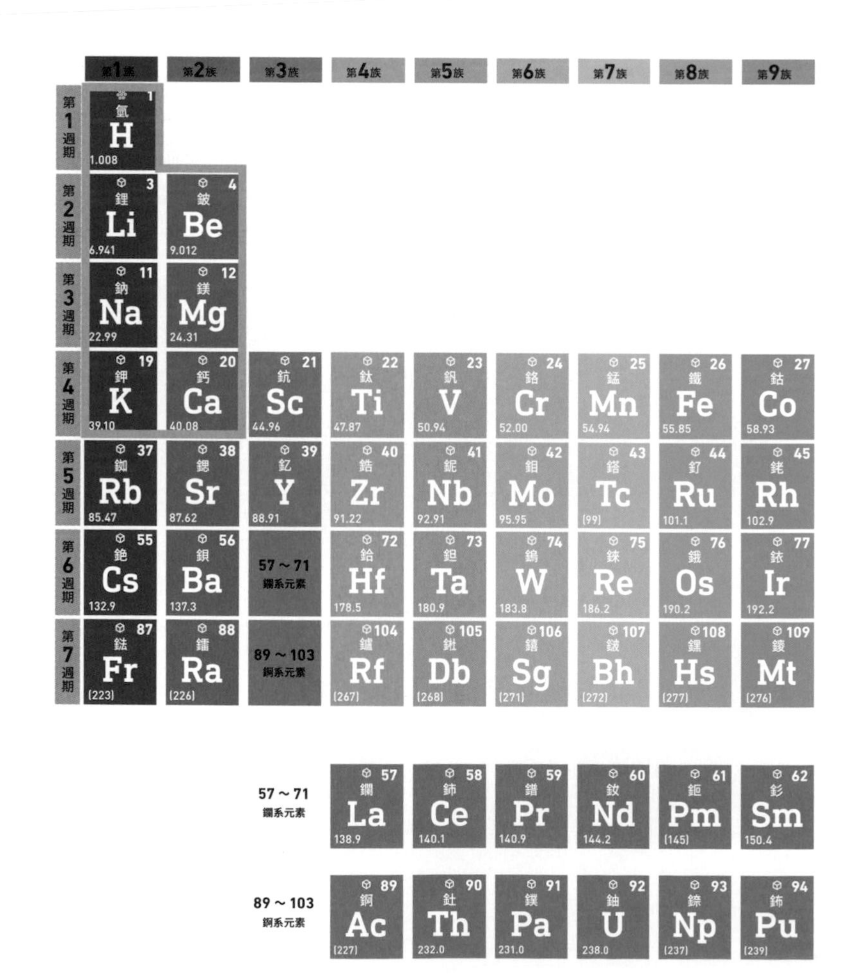

**同**一族的元素基本上具有相同數量的最外側殼層電子。例如，與鈉原子一起排列在第1族的其他元素，其最外側殼層電子的數量皆為1。因此，它們會傾向釋放這個電子，形成帶＋1電荷的陽離子。同樣地，第2族的元素會釋放最外側殼層的2個電子，形成帶＋2電荷的陽離子。

另一方面，排列在第17族的元素，例如氯原子，會接受1個電子填入最外側殼層，形成帶－1電荷的陰離子。第16族的元素會接受2個電子，形成帶－2電荷的陰離子，而第15族的元素會接受3個電子，形成帶－3電荷的陰離子。此外，第18族的元素通常不易形成離子。就像這樣，**同一族的元素有相似的離子形成傾向**。

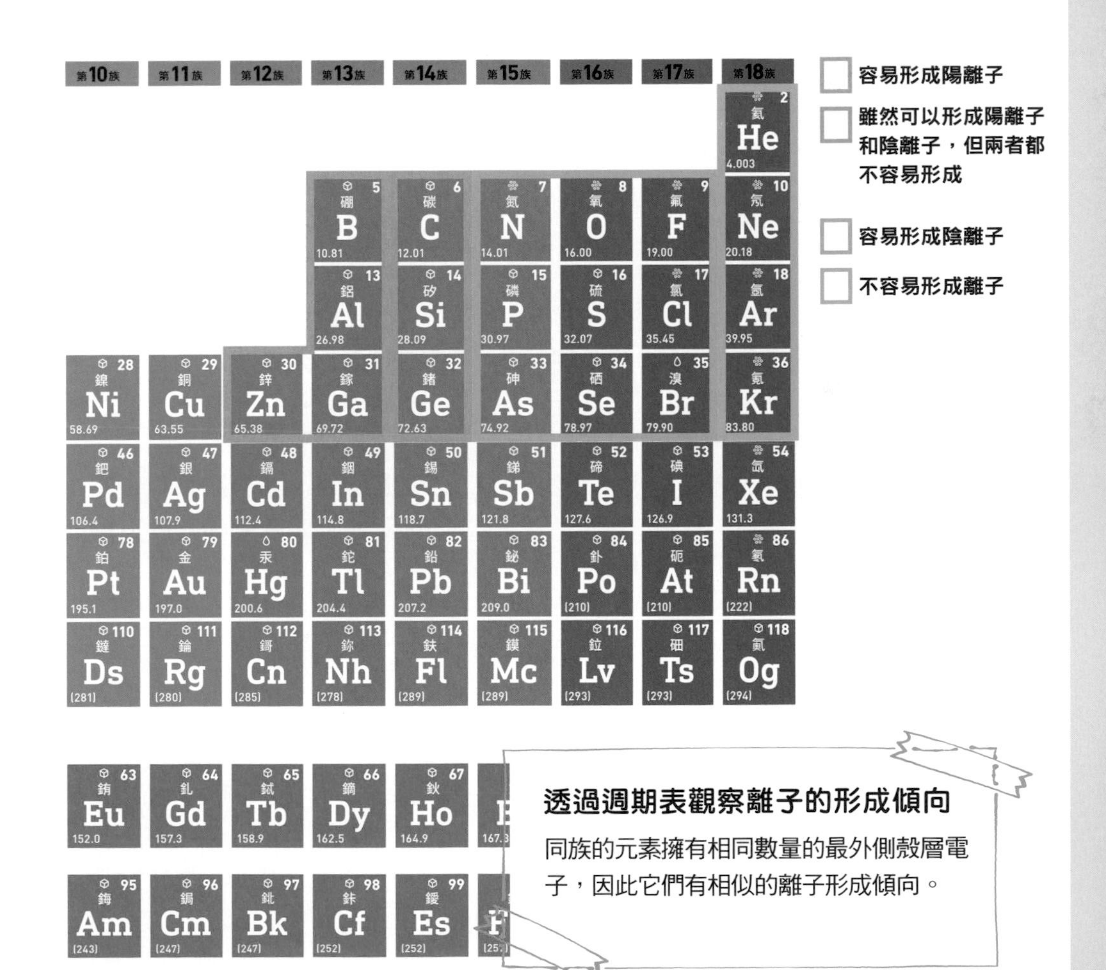


**透過週期表觀察離子的形成傾向**

同族的元素擁有相同數量的最外側殼層電子，因此它們有相似的離子形成傾向。

# 愈靠週期表左下方的元素，愈容易形成陽離子

## 在同週期內愈左邊，同族中愈下面的元素，這種傾向就愈強烈

第1族至第13族的元素通常具有形成陽離子的特性。那麼，在這些元素中，哪一種元素最容易形成陽離子呢？

原子透過釋放電子而形成陽離子。然而，電子並不會自發地離開原子，因為帶負電荷的電子和帶正電荷的原子核之間存在靜電力而互相吸引。因此，為了使原子釋放電子，需要能克服電子和原子核之間引力的能量。

**原子釋放1個電子所需的能量，稱為「游離能」（ionization energy）**（右圖）。游離能較小的元素，通常更容易形成陽離子。比較同週期（橫排）的元素，右側的元素通常具有較大的游離能。同週期的元素以同一殼層為最外側殼層，而愈右側的元素通常有愈多的質子，因此右側的元素對位於最外側的電子就具有更強的吸引力，並且游離能也更大。

比較同族（直行）的元素時，位置愈下方的元素通常具有愈小的游離能。同族的元素中，下方的元素其最外側殼層到原子核的距離較遠，因此愈下方的元素對外層電子的吸引力愈小，並且游離能也更小。

**綜上所述，愈靠近週期表左下方的元素，通常更傾向於形成陽離子**。

## 游離能的大小

釋放1個電子所需的能量稱為「游離能」，游離能較小的元素通常更容易形成陽離子。下方週期表所示為各元素的游離能高低[編註]，其中游離能特別小、特別容易形成陽離子的元素包括銫（Cs）和鍅（Fr）。

編註：下圖週期表中各元素的游離能高低，有部分未完全照左右與上下順序的趨勢呈現，是受到某些元素的電子組態影響。例如右側的氧（$_{8}O$：$1s^22s^22p^4$）低於左側的氮（$_{7}N$：$1s^22s^22p^3$），氧的最後一個電子具有與其他2p電子相反的自旋，這降低了氧的游離能。

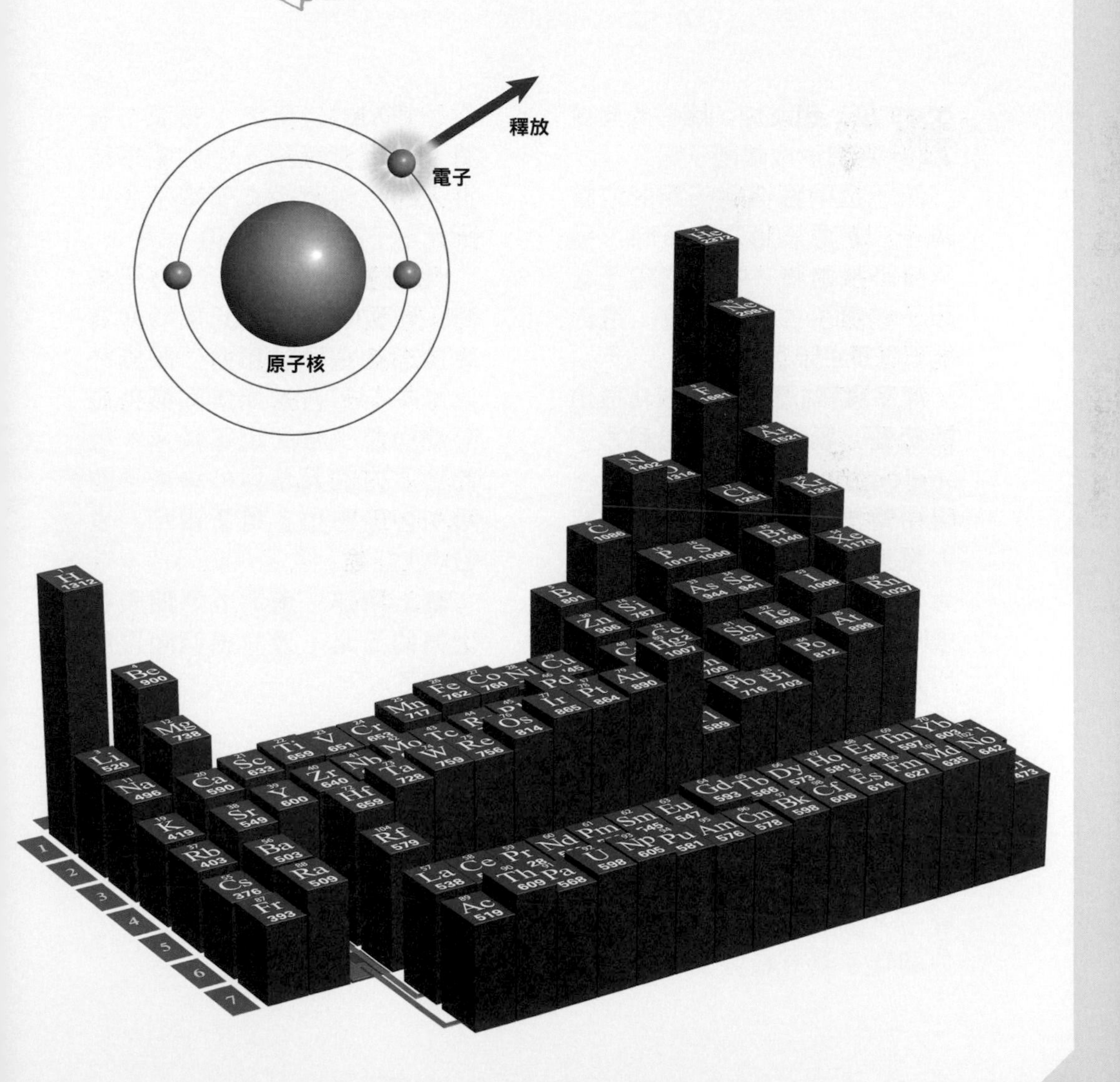

# 愈靠週期表右上方的元素，愈容易形成陰離子

## 在同週期內愈右邊，同族中愈上面的元素，這種傾向就愈強烈

那麼，相反地，哪些元素更容易形成陰離子呢？

原子透過獲得電子而形成陰離子。當原子獲得電子時，通常會釋放能量。獲得的電子被原子核吸引並保持穩定，進入能量較低的狀態。

**原子獲得1個電子時所釋放出的能量，稱為「電子親和力」（electron affinity）**（右圖）。吸引電子的力愈大，電子親和力就愈大。換句話說，具有較大電子親和力的元素更容易形成陰離子。

比較同週期（橫排）的元素時，除了最右邊的第18族元素外，通常愈右側的元素具有愈大的電子親和力。同週期的元素以同一殼層為最外側殼層，而愈右側的元素通常有愈多的質子，因此右側的元素通常對外層電子具有較強的吸引力，電子親和力也更大。然而，對第18族元素來說，由於電子能進入的軌域已經充滿電子了，因此電子親和力為負值。編註

比較同族（直行）的元素時，位置愈下方的元素通常具有愈小的電子親和力。同族的元素中，下方的元素其最外側殼層與原子核的距離較遠，因此愈下方的元素對外層電子的吸引力就愈小，電子親和力也愈小。

**綜上所述，愈靠近週期表右上方的元素，通常愈傾向形成陰離子**。

編註：原子獲得一個電子時，若釋放能量，電子親和力為正；若吸收能量，電子親和力為負。惰性氣體元素的價軌域已填滿電子，因此需要吸收能量才能填入額外的電子，造成電子親和力為負值。

## 電子親和力的大小

獲得1個電子時所產生的能量稱為「電子親和力」，具有較大電子親和力的元素通常更容易形成陰離子。下方週期表所示為各元素的電子親和力高低。其中電子親和力特別大、特別容易形成陰離子的元素包括氯（Cl）和氟（F）。

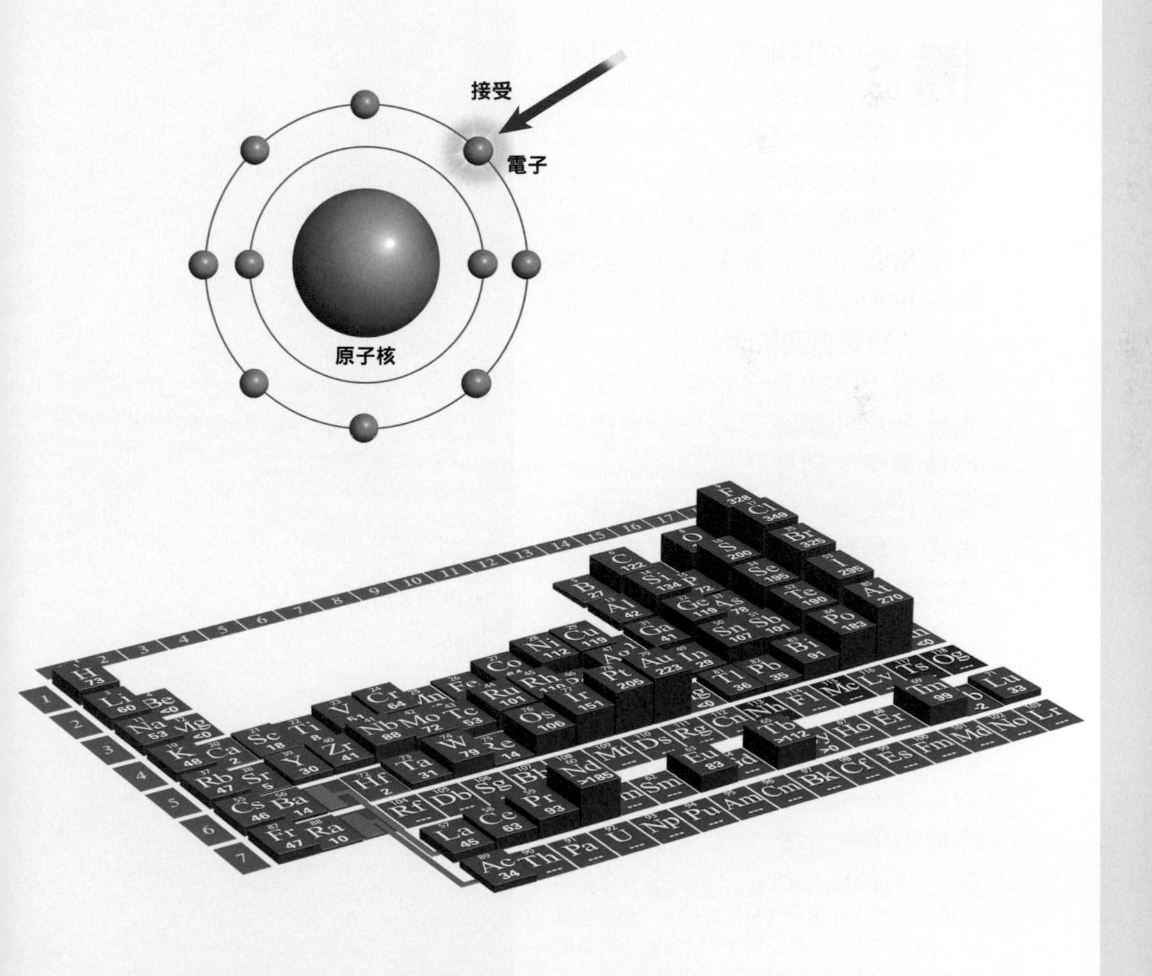

# 食鹽為何能在水中溶解？

## 水分子將「相容性良好」的離子帶離晶體

透過觀察週期表，我們可以看出哪些元素更容易形成哪種離子。實際上，在日常生活中也能看到類似的現象。

舉例來說，食鹽會在水中溶解並變得看不見。本來黏在一起的鈉離子和氯離子，在水中會受到水分子的影響四散開來。

事實上，水分子也帶有電荷。水分子中的氧原子部分帶有微弱的負電荷，氫原子部分則帶有微弱的正電荷。因此在氯化鈉晶體表面，**鈉離子和水分子中的氧原子之間會因靜電力而相互吸引**。編註接著，鈉離子就會被水分子包圍，並被帶離晶體。

另一方面，**氯離子會與水分子的氫原子發生靜電力而互相吸引**。然後，氯離子也會被水分子包圍並被帶離晶體。

編註：鈉離子和氯離子黏結成食鹽晶體表面的電荷處於靜止狀態，沒有電荷流動，稱為靜電荷。靜電荷所建立的靜電場，對於靜電場周邊的水分子電荷會產生作用力，稱為靜電力。

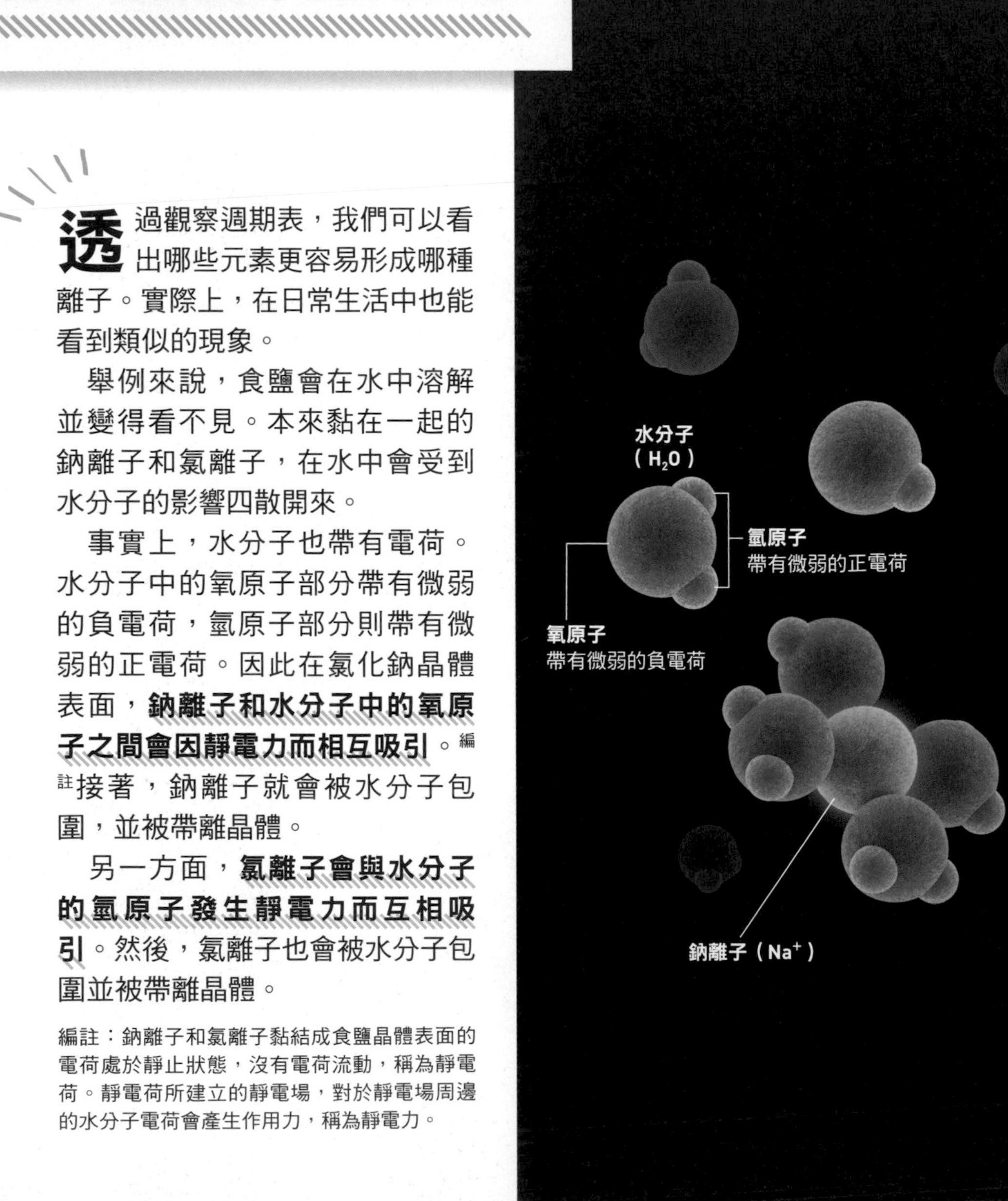

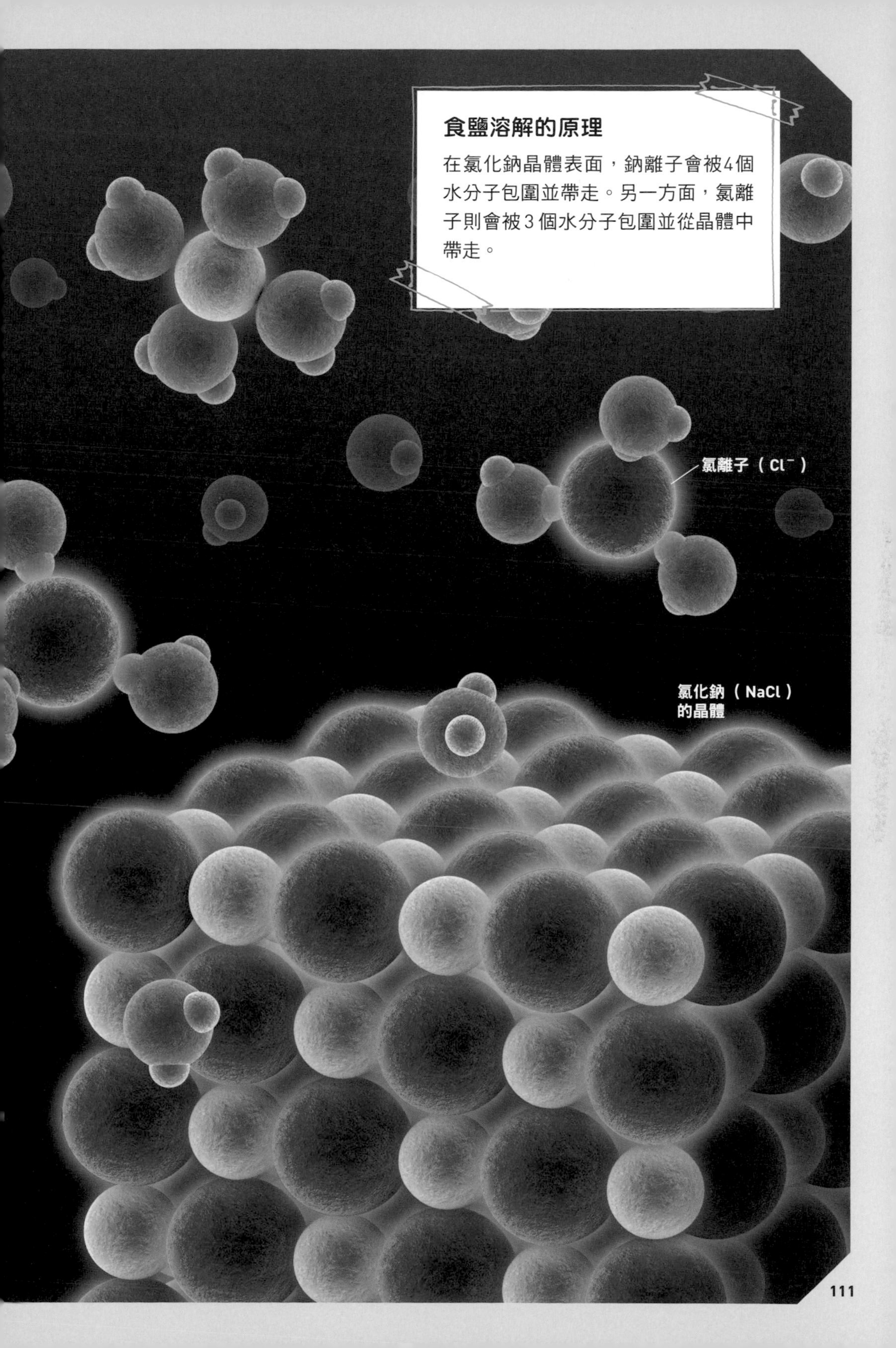


## 食鹽溶解的原理

在氯化鈉晶體表面，鈉離子會被4個水分子包圍並帶走。另一方面，氯離子則會被3個水分子包圍並從晶體中帶走。

# 離子大活躍——電池的前身「伏打電池」

## 將金屬浸泡在電解液中，溶解的金屬離子產生電流

在乾電池和智慧型手機所使用的電池中，是離子讓電流得以產生。

用導線將2種浸泡在電解液（溶有離子的液體）中的金屬連接起來，以金屬為正極和負極，電流即在導線中流動。這就是電池的基本原理。**當金屬浸入電解液中時，金屬會釋放電子並變成陽離子。由於不同金屬產生陽離子的傾向（離子化傾向）不同，因此兩個金屬板之間會產生電流，並讓導線通電**。

右側的插圖是由義大利物理學家伏打（Alessandro Volta，1745～1827）於1800年發明的「伏打電池」（voltaic cell）。伏打電池使用鋅（Zn）板作為負極，銅（Cu）板作為正極，並以稀硫酸（$H_2SO_4$）作為電解液，是現代電池最早存在的形式。

右上方的圖表是按照離子化傾向大小排列的金屬，稱為「離子化傾向圖」。左側的金屬較易形成陽離子。

比較鋅和銅，可以看到鋅位於左側，形成陽離子的傾向比較強。因此，當使用導線將鋅板和銅板連接並浸泡在稀硫酸中時，易形成陽離子的鋅釋放電子形成鋅離子（$Zn^{2+}$），進而溶解在電解液中。然後，殘留在鋅板上的電子透過導線朝銅板移動，形成電流。

編註：電解液中的水參與了伏打電池的化學反應，導致正極銅板釋放出氫氣（$H^2$）。當電池通過導線提供電流時，負極鋅板表面被氧化，以帶電離子（$Zn^{2+}$）的形式溶解到電解液中，並在鋅板中留下2個帶負電的電子（$e^-$）。銅板在此僅充當電子在電路中傳輸的「化學惰性」貴金屬導體，而不參與水相中的化學反應。體系中的正極銅板可用其他惰性更強的貴金屬導體（如銀、鉑、不鏽鋼和石墨等）代替。

## 金屬形成陽離子的離子化傾向圖

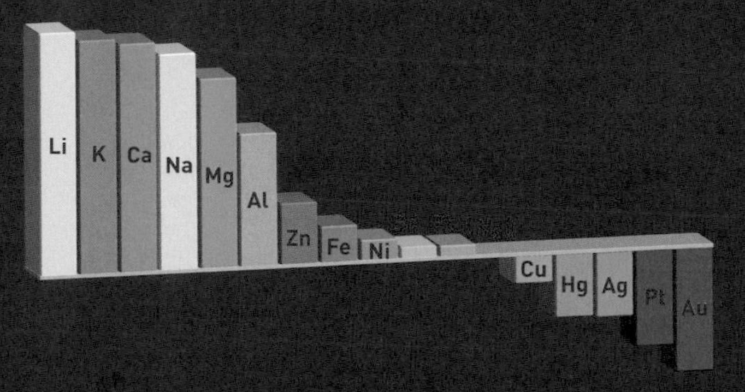


按形成陽離子的傾向排列金屬，便會形成如左側的圖示。愈左側的金屬形成陽離子的傾向愈強。金屬形成陽離子的傾向，是以氫氣形成陽離子的傾向為基準進行測量的。這也是為什麼金屬的離子化傾向圖包括氫氣（$H_2$）的原因。

## 伏打電池的原理

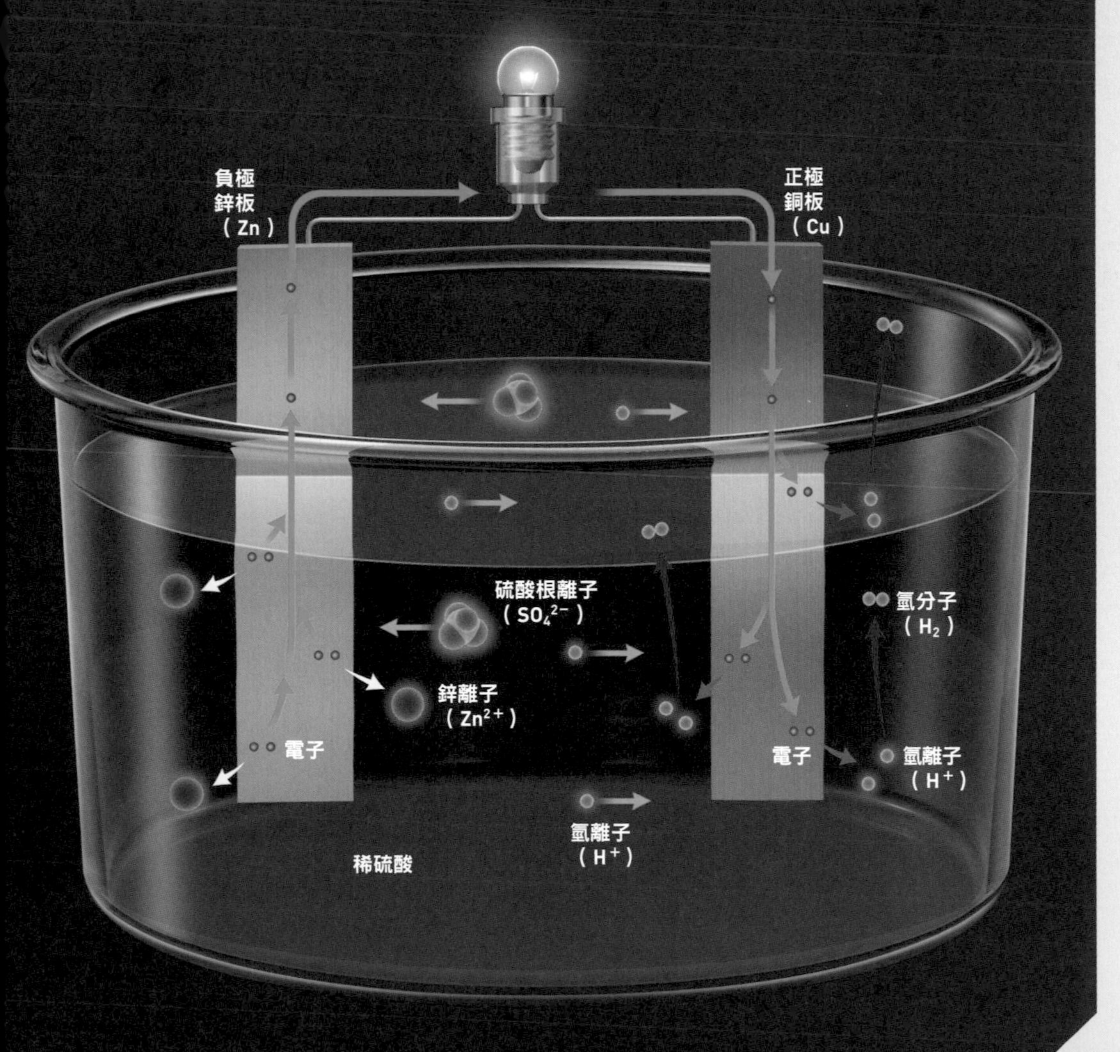

# 各種離子發揮作用的「碳鋅電池」

## 以二氧化錳為正極，鋅為負極的電池

「碳鋅電池」（carbon-zinc cell）是最早普及的乾電池之一。碳鋅電池的負極是鋅（Zn）構成的容器，容器內包含由氯化鋅（$ZnCl_2$）和氯化銨（$NH_4Cl$）組成的電解液，並以黏合劑製成糊狀，再加入二氧化錳（$MnO_2$）和石墨（C）的粉末一起固化，位於中央的碳棒則是正極（右圖）編註。由於電解液的部分被固化而成為「乾的電池」，因此碳鋅電池也被稱為乾電池。

**將碳鋅電池的正極和負極透過導線連接時，鋅原子會在負極釋放電子，形成鋅離子（$Zn^{2+}$），並溶解在電解液中**。殘留在負極的電子透過導線流向正極。

溶解在電解液中的鋅離子，一部分會與水分子（$H_2O$）反應，生成氫氧化鋅（$Zn(OH)_2$）和氫離子（$H^+$）。另一方面，正極上的電子會與二氧化錳和氫離子反應，形成偏氫氧化錳（III）（$MnO(OH)$）。

在電解液中，鋅離子和銨離子（$NH_4^+$）會往正極方向移動，而氯離子（$Cl^-$）則會往負極方向移動。這樣一來，導線中就形成了電流。

值得注意的是，當二氧化錳全部變成偏氫氧化錳（III）時，由於失去了在正極接收電子的物質，電流將停止流動，電池的壽命也會被耗盡。

**總結來說，所有電池的基本原理都是相通的，它們都是透過不同離子的作用來創建電流**。

編註：碳鋅電池藉由連接外殼底部的負極鋅板，與頂部中央凸起的正極碳棒，產生電流。中央的碳棒是惰性電極，只作為電子的通路，本身沒有直接參與化學反應。實際參與還原反應並提供正電的是二氧化錳，因此，又稱為錳鋅電池。

## 碳鋅電池的運作原理

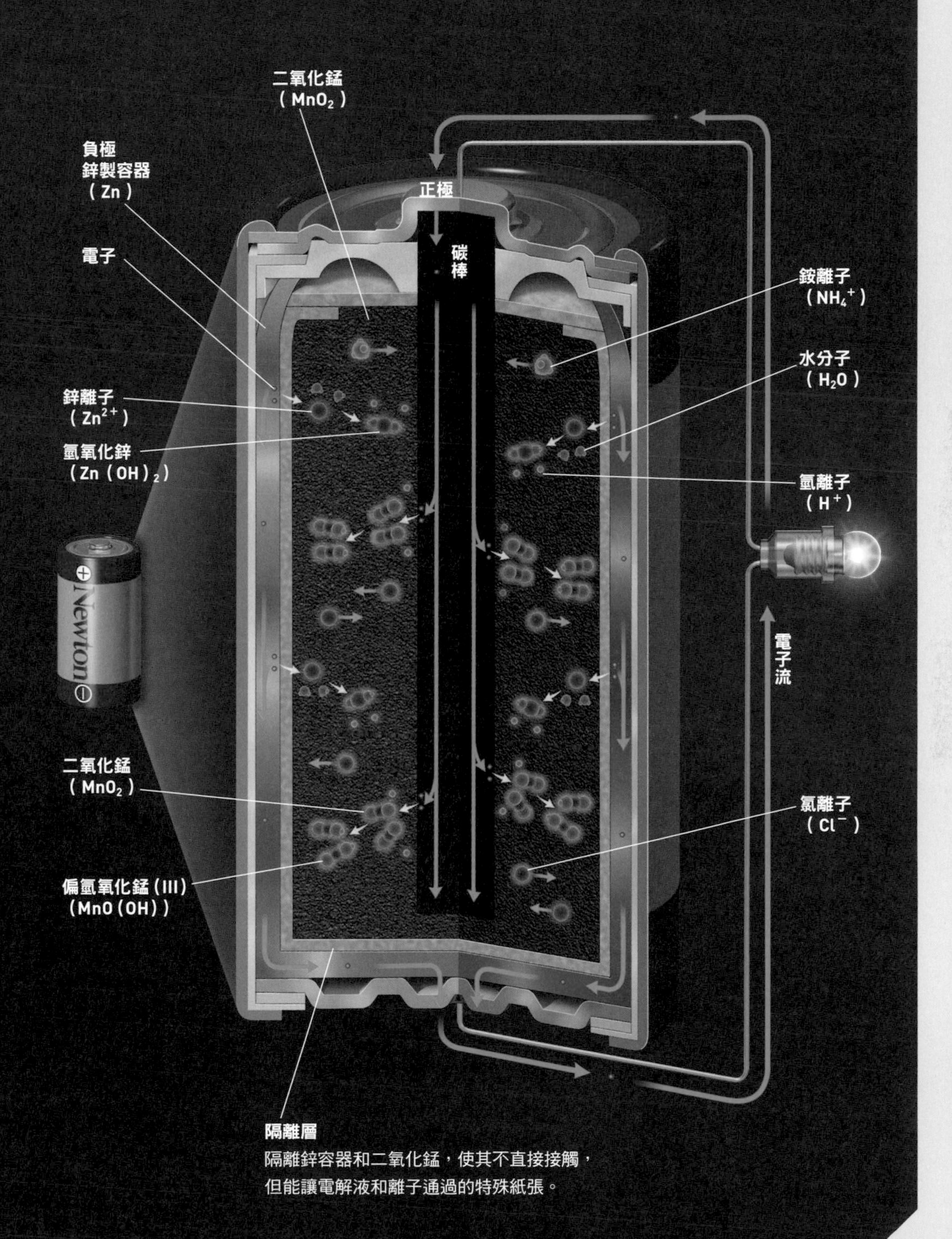

二氧化錳
( $MnO_2$ )
負極
鋅製容器
( Zn )
電子
鋅離子
( $Zn^{2+}$ )
氫氧化鋅
( $Zn(OH)_2$ )
Newton
二氧化錳
( $MnO_2$ )
偏氫氧化錳 (III)
( $MnO(OH)$ )
正極
碳棒
正極
銨離子
( $NH_4^+$ )
水分子
( $H_2O$ )
氫離子
( $H^+$ )
電子流
氯離子
( $Cl^-$ )
隔離層
隔離鋅容器和二氧化錳，使其不直接接觸，
但能讓電解液和離子通過的特殊紙張。

# 大腦用離子進行訊息的傳遞

## 神經細胞傳送的訊息是透過鈉離子傳遞的

大腦的神經細胞透過短暫使鈉離子（$Na^+$）流入細胞內，以進行訊息傳遞。右圖中詳細說明了這個過程。

當神經細胞接收到訊息時，會讓帶正電荷的鈉離子流入細胞內，產生局部性的電流。相鄰的鈉離子通道感應到這個電流後，會接著作用並使新的鈉離子流入，透過一連串的連鎖反應，訊息就這樣被傳遞到神經細胞的末端。當訊息傳達結束時，鈉離子會立即再次被排出細胞外，使細胞回復原狀。

**在我們的大腦中，進行思考或行動時產生的各種訊息，都是透過將鈉離子流入神經細胞內來傳遞的**。

### 神經細胞中訊息傳遞的機制

神經細胞透過離子進行訊息的傳遞。平常的狀態下，鈉離子會被排出細胞外（**1**）。接收到訊息時，鈉離子通道會作用並使鈉離子流入細胞內，產生局部電流。感應到電流的相鄰鈉離子通道接著使新的鈉離子流入，產生連鎖反應，將訊息傳遞到神經細胞的末端（**2**）。編註訊息傳遞結束後，鈉離子再次被排出細胞外（**3**）。

編註：神經細胞中訊息傳遞的速度最快可達每秒100公尺。

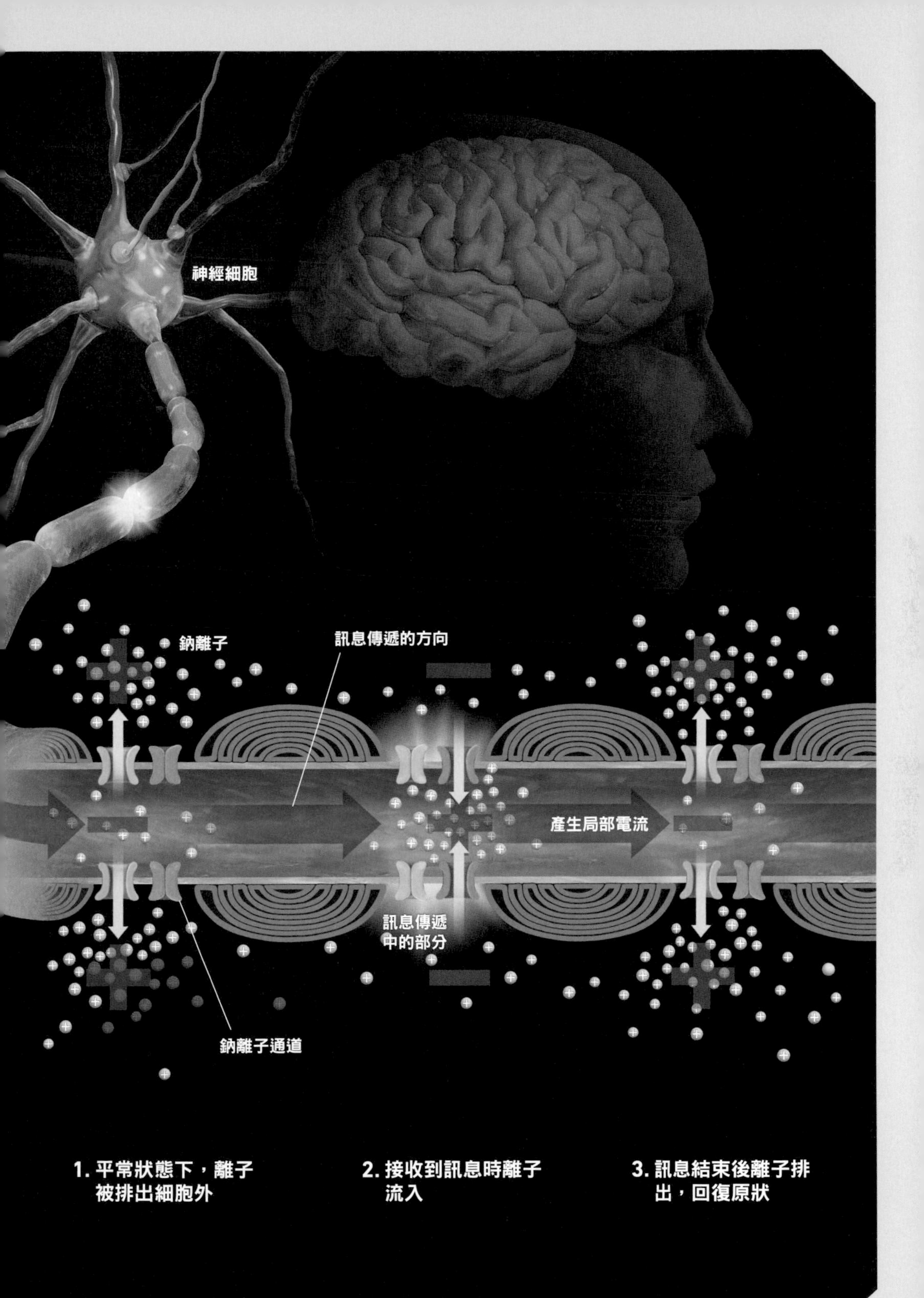
神經細胞
鈉離子
訊息傳遞的方向
產生局部電流
訊息傳遞
中的部分
鈉離子通道
1. 平常狀態下，離子
被排出細胞外
2. 接收到訊息時離子
流入
3. 訊息結束後離子排
出，回復原狀

Column

Coffee Break

# 週期表孕育出電池新材料

週期表也在新世代電池的研究中大放異彩。智慧型手機等裝置中使用的是可以充電與放電的「鋰離子電池」。

由於鋰是所有元素中最容易形成陽離子的元素，因此它作為電池的材料具有相當好的性能。然而，鋰同時是一種「稀有金屬」，其上漲的價格令人擔憂。

2015年，日本東京理科大學的駒場慎一博士將目光投向了同樣位於第1族，且相對便宜的鈉（Na）和鉀（K），透過將鋰置換為鈉或鉀，成功地開發出與鋰離子電池性能相當的鈉離子電池和鉀離子電池（如右圖）。**週期表中同一直行性質相似的規則，成為了研究和開發時的指引**。

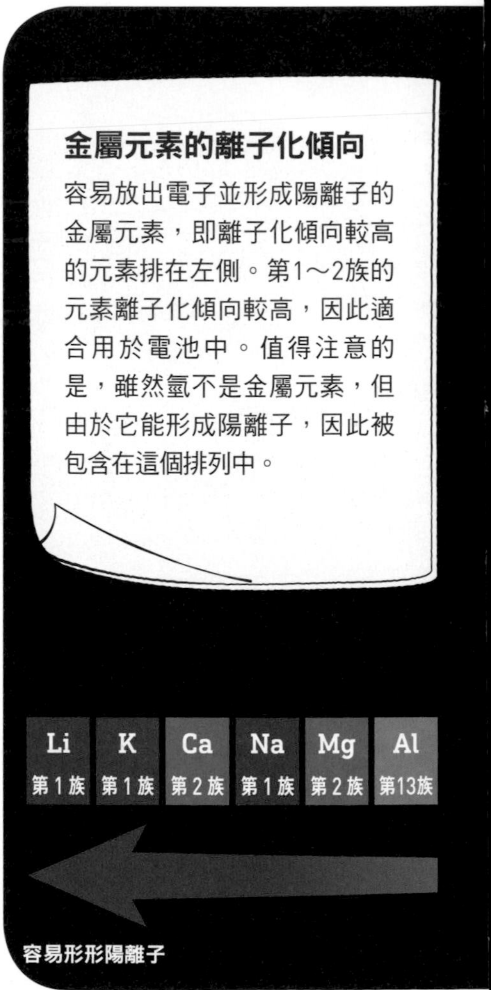

**金屬元素的離子化傾向**

容易放出電子並形成陽離子的金屬元素，即離子化傾向較高的元素排在左側。第1～2族的元素離子化傾向較高，因此適合用於電池中。值得注意的是，雖然氫不是金屬元素，但由於它能形成陽離子，因此被包含在這個排列中。

| Li | K | Ca | Na | Mg | Al |
|---|---|---|---|---|---|
| 第1族 | 第1族 | 第2族 | 第1族 | 第2族 | 第13族 |

容易形形陽離子

## 鈉離子電池的原理（放電時）

下圖所示為駒場博士等人開發的鈉離子電池的運作原理。在放電時，負極中的鈉釋放出電子形成鈉離子（$Na^+$），鈉離子在電解液（鈉鹽化合物）中往正極移動，並在正極接收電子還原成鈉鹽化合物。這時電子透過外部導線從負極移動到正極，形成電流。此外，在充電時則會進行相反的反應。鋰離子電池和鉀離子電池的基本原理也是一樣的。[編註]

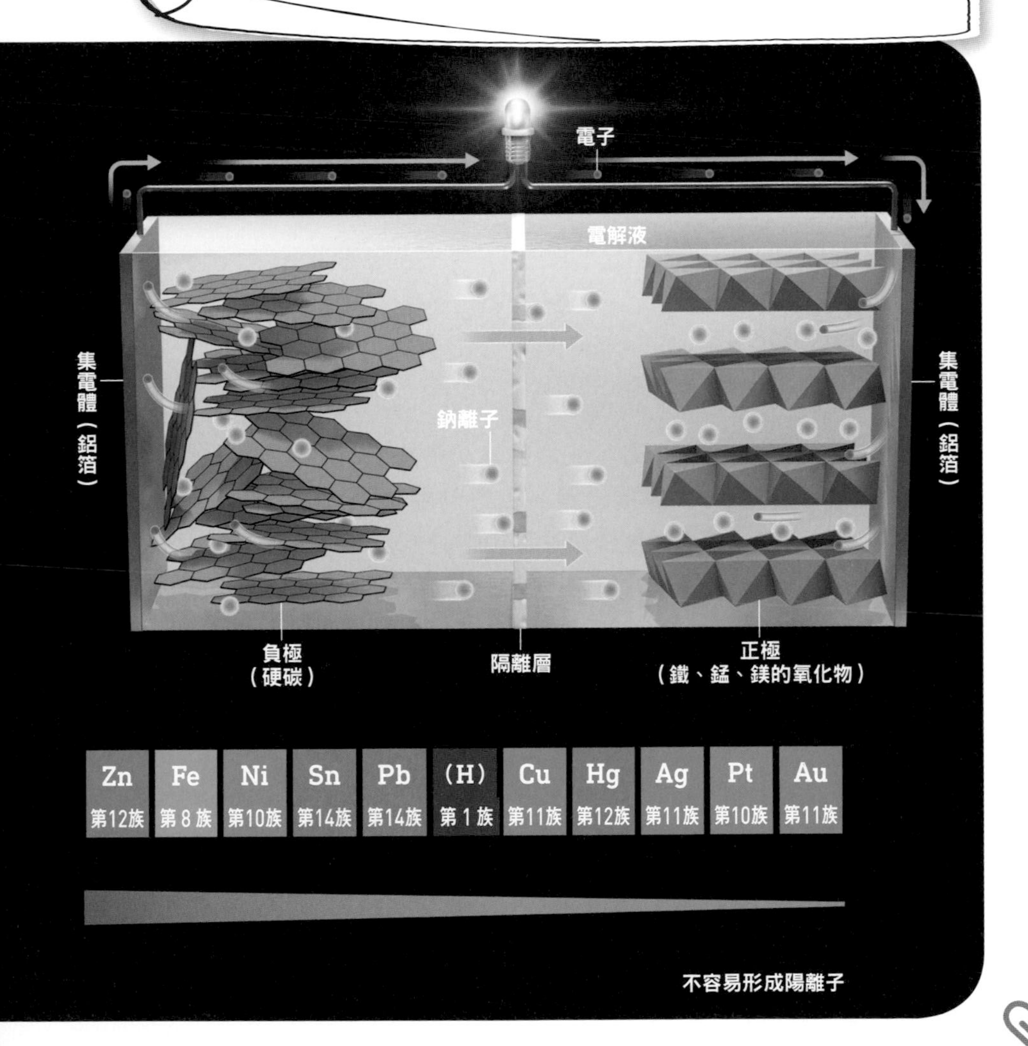


編註：鈉離子電池採用六氟磷酸鈉或高氯酸鈉為主的電解液。負極的硬碳內部晶體排列無序、層間距大，使得負極在同等體積下可以儲存更多的電荷。正極的鐵、錳、鎂層狀氧化物具有開放式的三維通道，有利於在充放電過程中鈉離子擴散。

# 4

# 占據週期表大部分的金屬元素

其實，大多數的元素都是「金屬」。金屬元素具有獨特的光澤，良好的導電性與導熱性，容易延展成薄片等有趣的特性。這是為什麼呢？本章將對金屬元素進行清晰易懂的解說。

Nd

占據週期表大部分的金屬元素

# 金屬原子透過「自由電子」的作用相互結合

## 可在原子間自由移動的電子形成連接原子的「黏著劑」

週期表的大部分由金屬元素組成（如右上圖表）。固體的金屬是由無數金屬原子以規則的方式排列，形成金屬的晶體。

金屬原子具有易釋放電子（易成為陽離子）的性質，因此它們能釋放最外側電子殼層中的電子並形成「自由電子」。在金屬晶體中，最外側殼層之間相互重疊，自由電子因此能在這些重疊的電子殼層中自由移動。

**金屬原子能保持結合而不會輕易分散，正是因為自由電子在原子間移動的關係**。釋放電子後帶正電荷的金屬原子，將帶負電荷的自由電子夾在中間，並透過靜電力相互結合，**這種鍵結方式稱為「金屬鍵」（metallic bond）**。編註

編註：金屬鍵決定了金屬許多物理特性，例如強度、可塑性、延展性、傳導熱量、導電性、不透明度和光澤。一般金屬的熔點、沸點隨金屬鍵的強度而升高。

**金的晶體**

金原子（Au）釋放最外側殼層中的 1 個電子作為自由電子。像是夾著這些自由電子一般，金原子規律地排列並結合在一起（如右圖）。

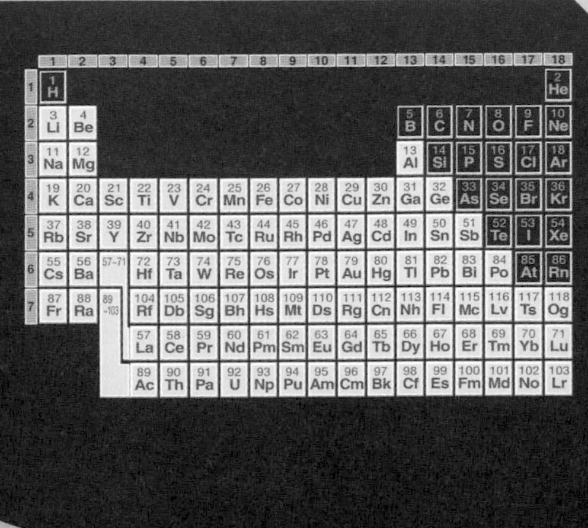


金的晶體

金原子
（8分之1個金原子）

金原子
（2分之1個金原子）

自由電子

占據週期表大部分的金屬元素

# 金屬閃耀的原因在於電子的作用

## 自由電子的振動產生金屬獨特的光澤

金屬擁有獨特的「金屬光澤」（metallic luster）。

創造金屬光澤的是金屬中的自由電子。當可見光照射到金屬時，金屬表面的自由電子會以與可見光相同的頻率振動，抵銷部分可見光並阻止其進入金屬內部。同時，自由電子也透過自身的振動創造出相同頻率的可見光，並從金屬表面放射出來（反射）。**由這些自由電子產生的可見光就是我們所看到的金屬光澤**。

金屬光澤可能呈現白色，如銀（Ag），或呈現紅色，如銅（Cu），**這是因為自由電子在金屬中能移動的最高速度因金屬種類而異，且內部電子能吸收可見光的範圍也不同**。例如，金（Au）中的內部電子能吸收藍色和綠色的可見光，使其呈現黃色的色調。

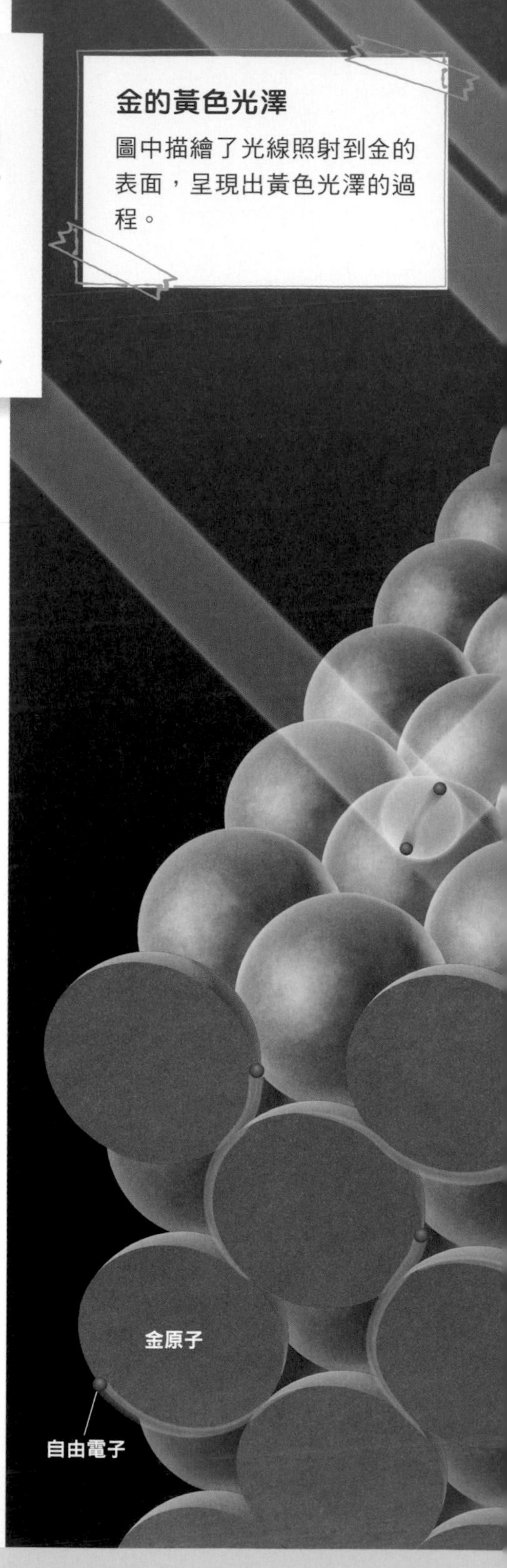


**金的黃色光澤**

圖中描繪了光線照射到金的表面，呈現出黃色光澤的過程。

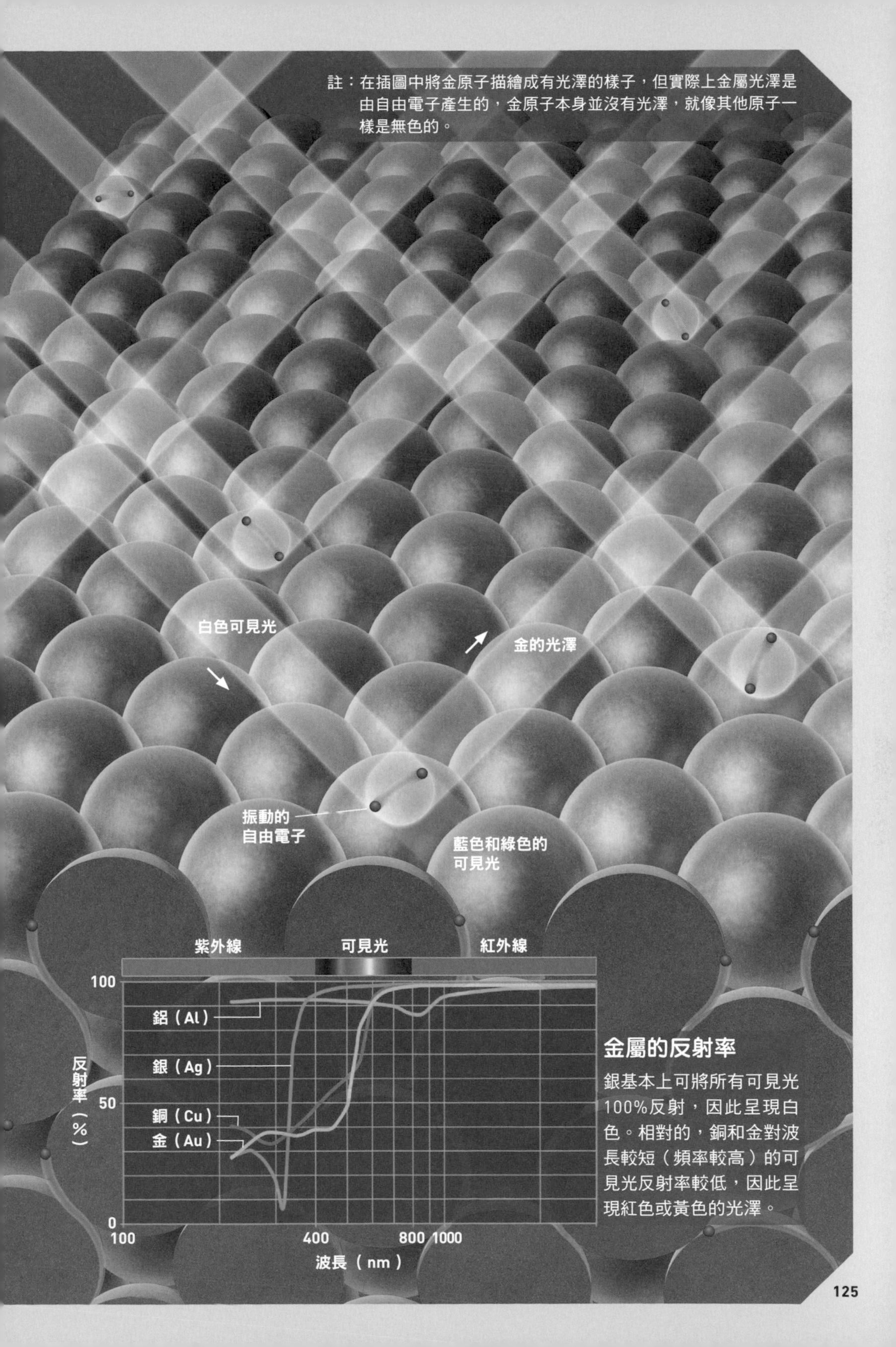


## 金屬的反射率

銀基本上可將所有可見光100%反射，因此呈現白色。相對的，銅和金對波長較短（頻率較高）的可見光反射率較低，因此呈現紅色或黃色的光澤。

占據週期表大部分的金屬元素

# 金屬傳導電與熱的原理

## 自由電子的移動和振動形成了電流和熱

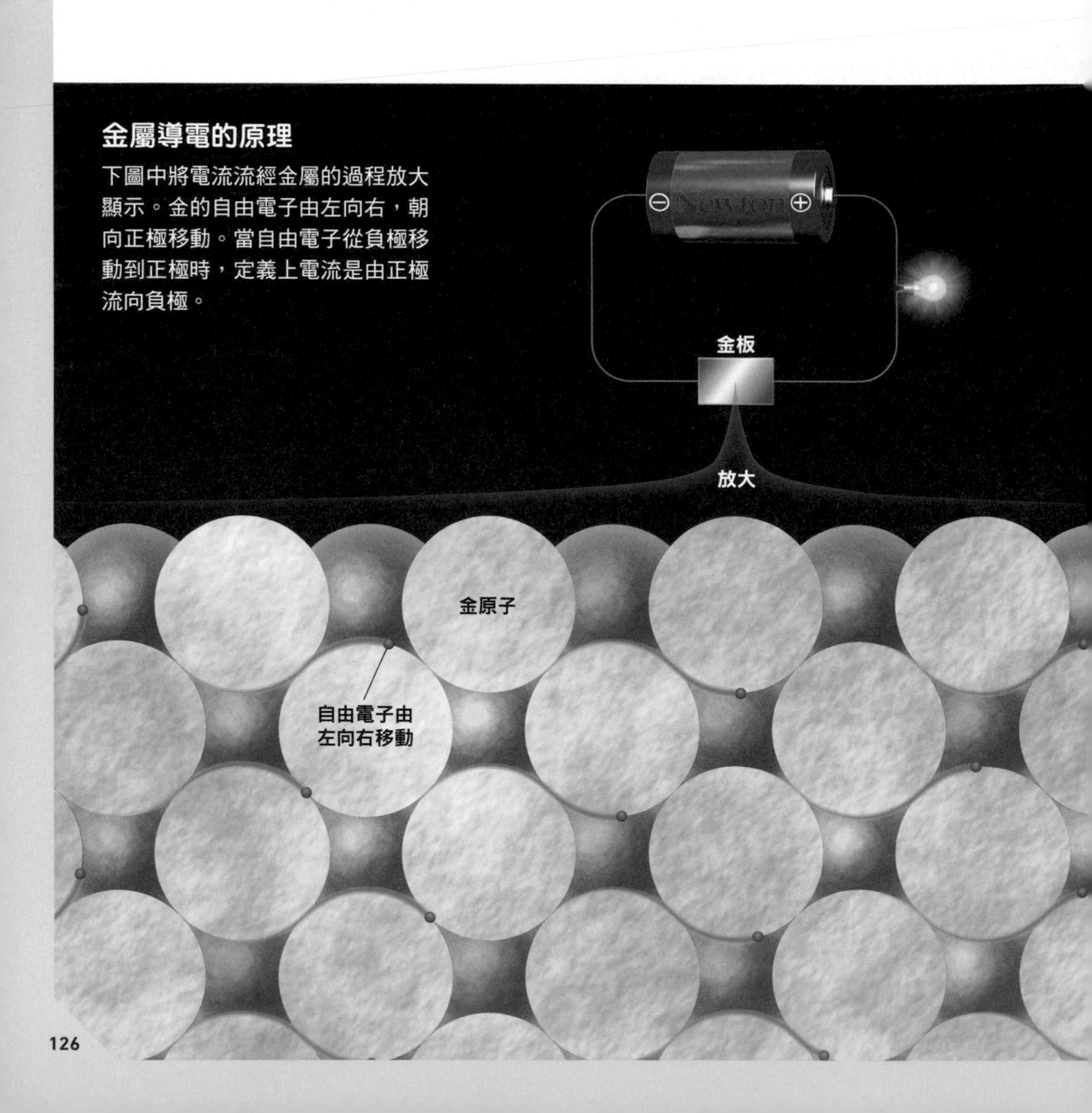


### 金屬導電的原理

下圖中將電流流經金屬的過程放大顯示。金的自由電子由左向右，朝向正極移動。當自由電子從負極移動到正極時，定義上電流是由正極流向負極。

**銅**、鋁等金屬經常被用作電線的原料。**金屬良好的導電性源於其中的自由電子**。當導線連接到電池時，金屬的自由電子會從負極移動到正極，這種自由電子的流動就是電流的本體。然而根據定義，電流的方向與電子流動的方向恰好相反。編註

此外，**金屬良好的導熱性也是由自由電子引起的**。當加熱金屬時，自由電子和金屬原子會吸收熱能並劇烈運動。實際上熱能的本體正是這些粒子運動的激烈程度。自由電子和金屬原子的激烈運動會接二連三地傳遞給周圍的自由電子和金屬原子，以高效率地傳遞熱能。

導電性和導熱性最佳的金屬是銀。由於銀的自由電子密度高，因此能夠很好地傳導電和熱。

編註：自由電子從負極往正極移動時，電流是從正極流向負極。這是因為以前科學家錯誤認為是正電荷在移動，所以定義從正極流到負極者稱為電流，後來才闡明自由電子其實是從負極流向正極。

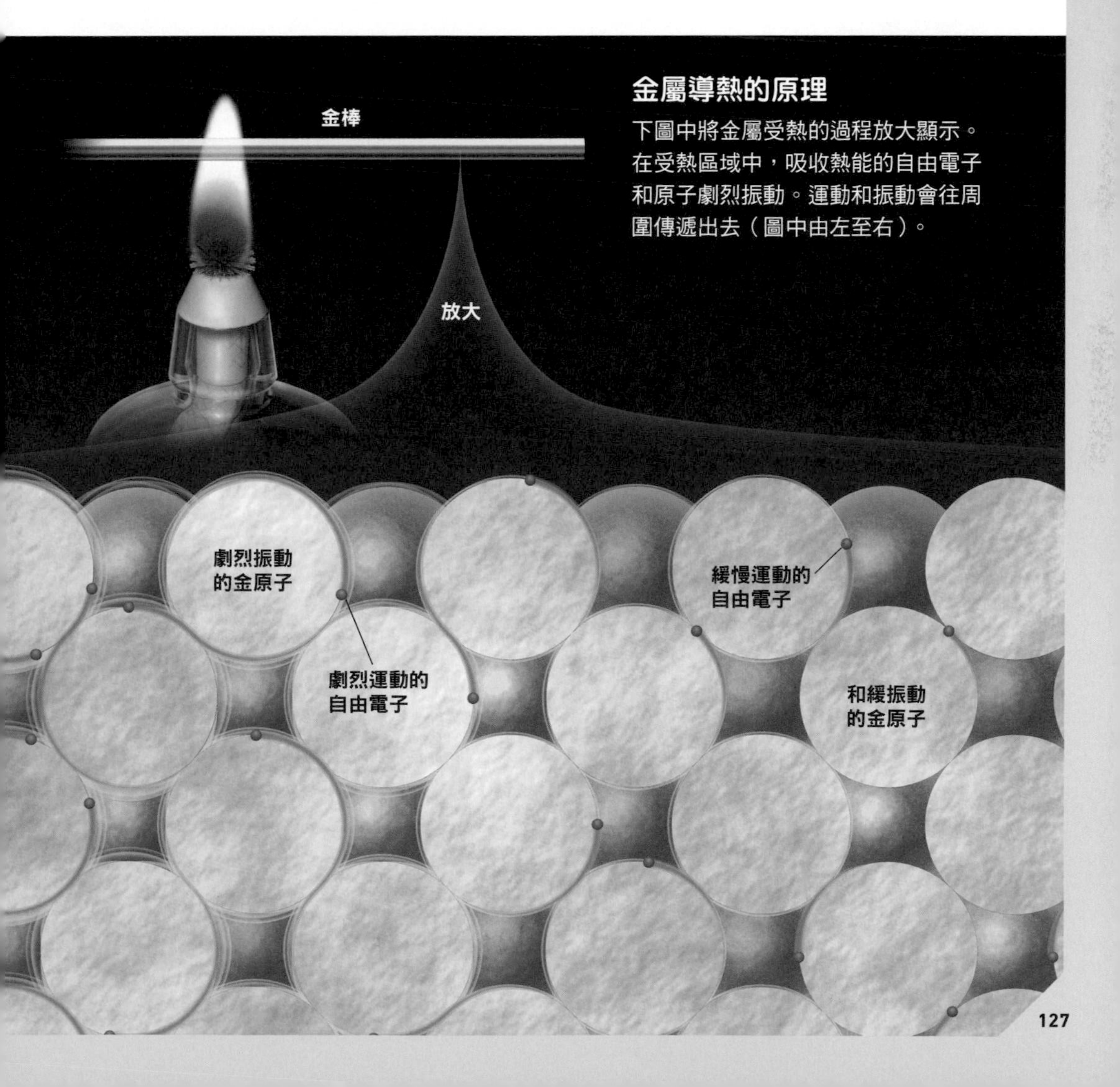


**金屬導熱的原理**

下圖中將金屬受熱的過程放大顯示。在受熱區域中，吸收熱能的自由電子和原子劇烈振動。運動和振動會往周圍傳遞出去（圖中由左至右）。

占據週期表大部分的金屬元素

# 所有金屬都會被磁鐵吸附嗎？

## 實際上，能被磁鐵吸附的金屬很有限

**被磁鐵吸附的鐵**

磁鐵靠近前（左）和靠近時（右）的鐵原子排列方式之示意圖。

1. 磁鐵靠近前的鐵

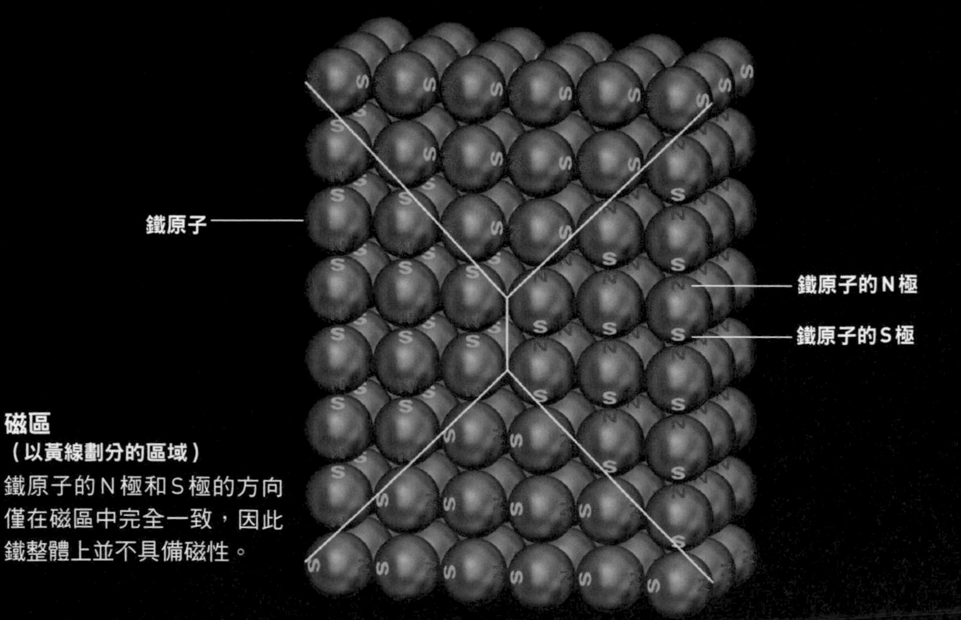

我們很容易以為金屬都具有能被磁鐵吸附的性質。然而實際上，**在常溫（15～25℃）下能夠被磁鐵吸附的一般金屬僅有鐵（Fe）、鈷（Co）、鎳（Ni）這3種**。為什麼有些金屬容易被磁鐵吸附，而有些則不容易呢？

**能被磁鐵吸附的金屬，通常也具有成為強力磁鐵的潛力**。編註 例如，將磁鐵靠近鐵，則鐵會獲得暫時性的磁性。

鐵在靠近磁鐵時會成為磁鐵的原因，是由於每個鐵原子都具有N極和S極。在一般情況下，鐵原子的N極和S極的方向僅在稱為「磁區」的小區域中呈現一致性，因此鐵整體上並不具備磁性。然而，當磁鐵靠近鐵時，鐵原子的N極和S極的方向就會趨於一致，使得鐵整體上也具有磁性，成為磁鐵。

編註：具有成為磁鐵能力的元素稱為「強磁性元素」，除了鐵、鈷、鎳之外，釓（Gd）也是一種強磁性元素，但存量極為稀少，磁力也太弱，所以若要做為磁鐵的原料使用，在現實上有其困難。

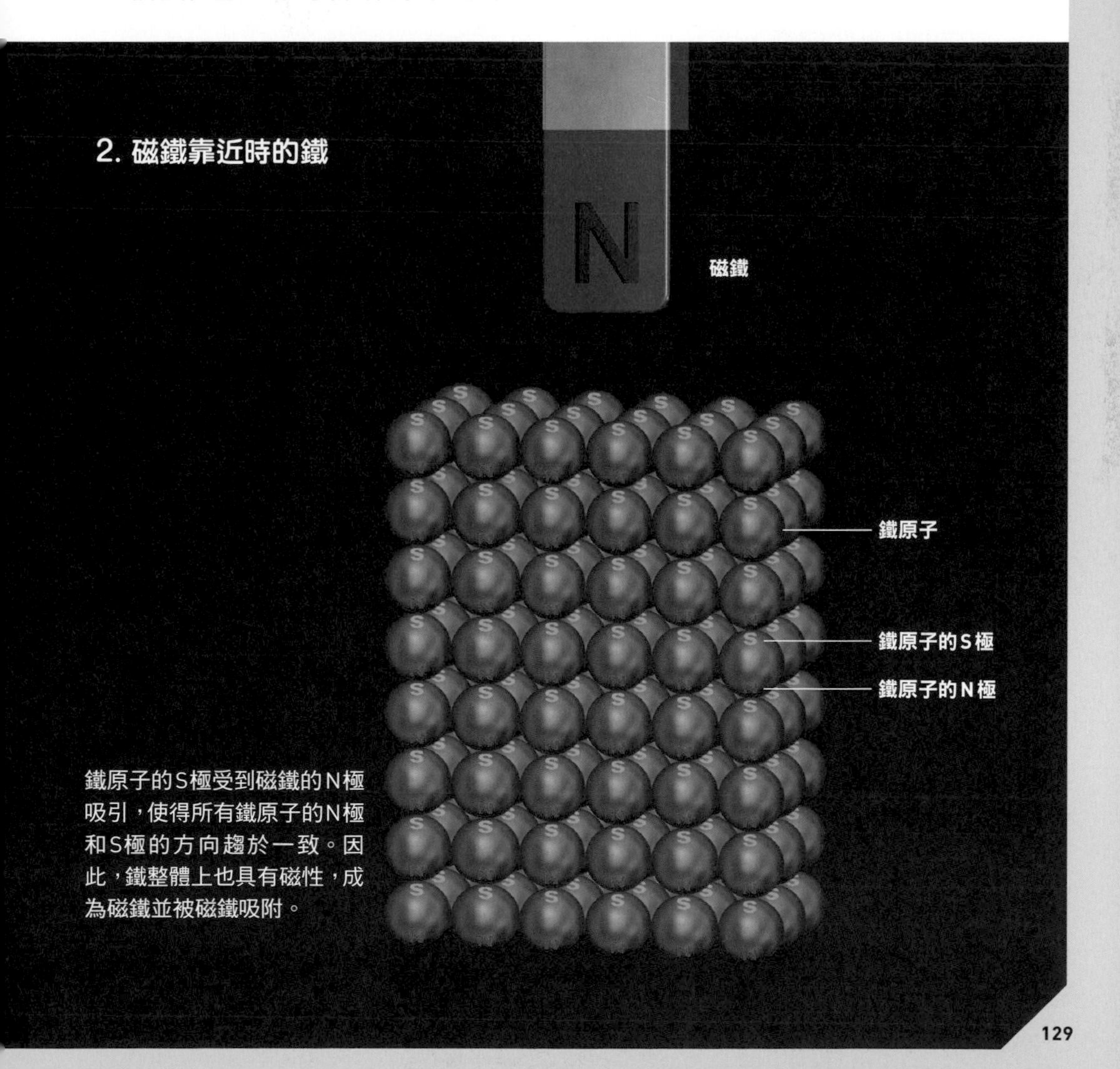

占據週期表大部分的金屬元素

# 為什麼稀有金屬被稱為「稀有」呢？

## 可能因為含量稀少，或是提取很困難……

### 稀有金屬稀有的原因

稀有金屬之所以稀有，通常是因為它們在地殼中的含量很少。然而，即使含量不算少的元素，如果難以一次大量地產出或者從礦石中提取需要花費大量時間和精力，也會被歸類為稀有金屬。

### 含量豐富但難以集中產出的元素

釩在地殼中的含量甚至比銅更多。然而與銅不同的是，釩於地下的分布既廣泛且稀薄，因此在取得上相當困難。正因如此，釩被視為稀有金屬。

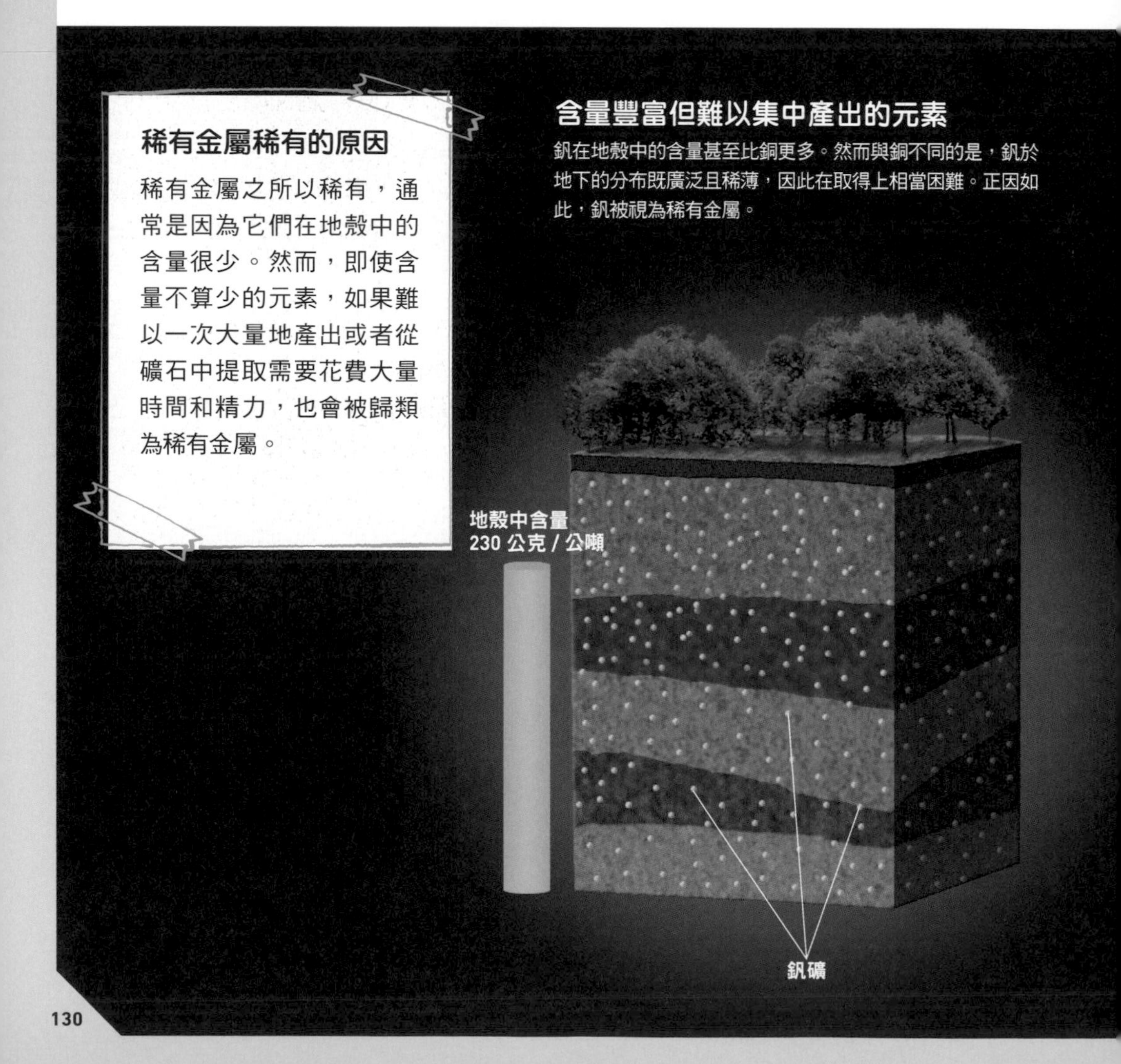

**你**聽過「稀有金屬」這個詞嗎？**稀有金屬是指因某種原因而變得稀少的金屬等物質**。

不同的元素，稀有的原因也各不相同。其中一種原因，是該元素在地殼中的含量極少，代表性的例子包括鉑族元素、銦和錸等。然而，也有些元素即使含量不算少，卻被歸類為稀有金屬，原因是它們難以大量產出，或者從礦石中提取需要耗費大量的時間和精力。

日本經濟產業省將47種元素定為稀有金屬，除了這些元素外，研究者們還將其他元素納入稀有金屬的範疇。

稀有金屬對於現代工業來說不可或缺，例如手機中的「鋰離子電池」中使用到鋰，而汽車的排氣淨化裝置則使用到鉑。編註

編註：若要從礦石中開採出1部車所需要使用的鉑量（約5公克），大約需要1公噸的礦石。

## 透過週期表觀察稀有金屬

表中根據日本經濟產業省所定的47種元素以及研究者普遍認可的7種元素（於元素左上角標有★的7種元素），將這54種元素視為稀有金屬並標上了不同的顏色。

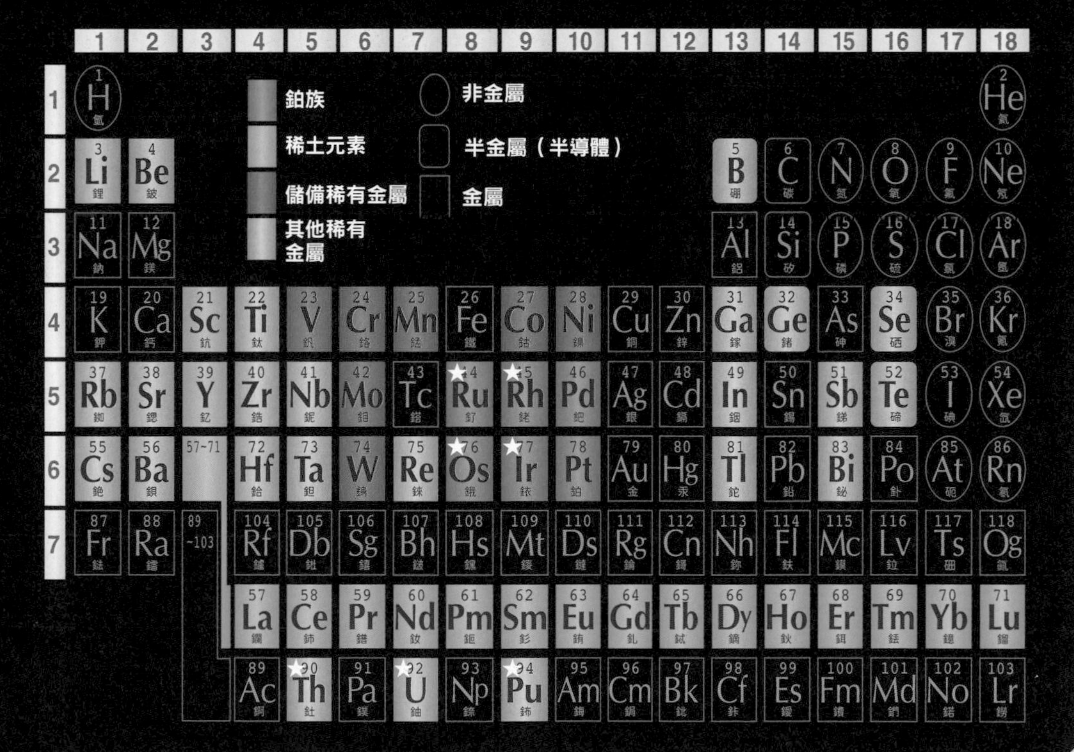


註：原子序104以後的元素，其導電性質尚不清楚。

# 具有獨特性質的重要元素「稀土元素」

**由於性質近似的多種元素在礦床中共生，難以分離提取而產量稀少**

第3族的鈧（Sc）、釔（Y）以及包括15種「鑭系元素」在內的元素組合，通常被稱為「稀土元素」（rare earth element）。

**稀土元素在現代工業中被廣泛應用，在個人電腦、智慧型手機、汽車和工業設備等的製造過程中幾乎一定會使用到，是現代產業不可或缺的元素**。這是因為稀土元素具有吸收電磁波並發光的性質，以及保持磁鐵磁力等各種特性。

例如，釔與釹（Nd）一起被用作「YAG雷射」（YAG為釔、鋁、石榴石的縮寫）的材料。YAG雷射是一種強大的雷射裝置，廣泛應用於金屬加工、焊接、醫療等領域。

此外，添加釹和鏑（Dy）成分的磁鐵，為同時具有極強磁性以及耐高溫性的永久磁鐵。這種「釹磁鐵」被廣泛應用於小型揚聲器（如耳機）、電動汽車馬達等各式各樣的領域中。

稀土元素中除了鉅之外，實際上在地球上的含量並不如其名稱所示的「稀有」，稀土元素含量最高的鈰在地殼元素豐度排名第25，與銅相當。然而，**由於稀土元素在地殼中的分布相當分散，且彼此之間具有非常相似的化學性質，總是在礦床中共生，難以彼此單獨分離、提取**。當前全球大約70%的稀土元素產自中國。編註1

編註1：根據美國地質調查局2023年的數據顯示，全球17種稀土元素的儲量為 1.1 億噸，中國有4,400萬噸，約占全球儲量的40%。全球稀土元素年產量35萬噸，中國稀土元素年產量24萬噸，約占全球產量的70%。

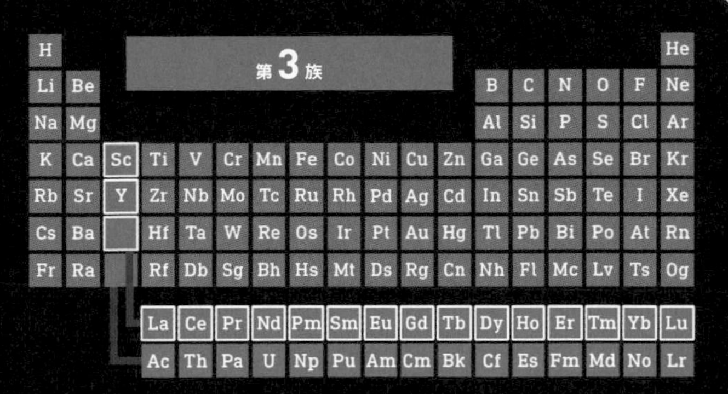


白框內的元素為「稀土元素」

## 釹原子的電子配置

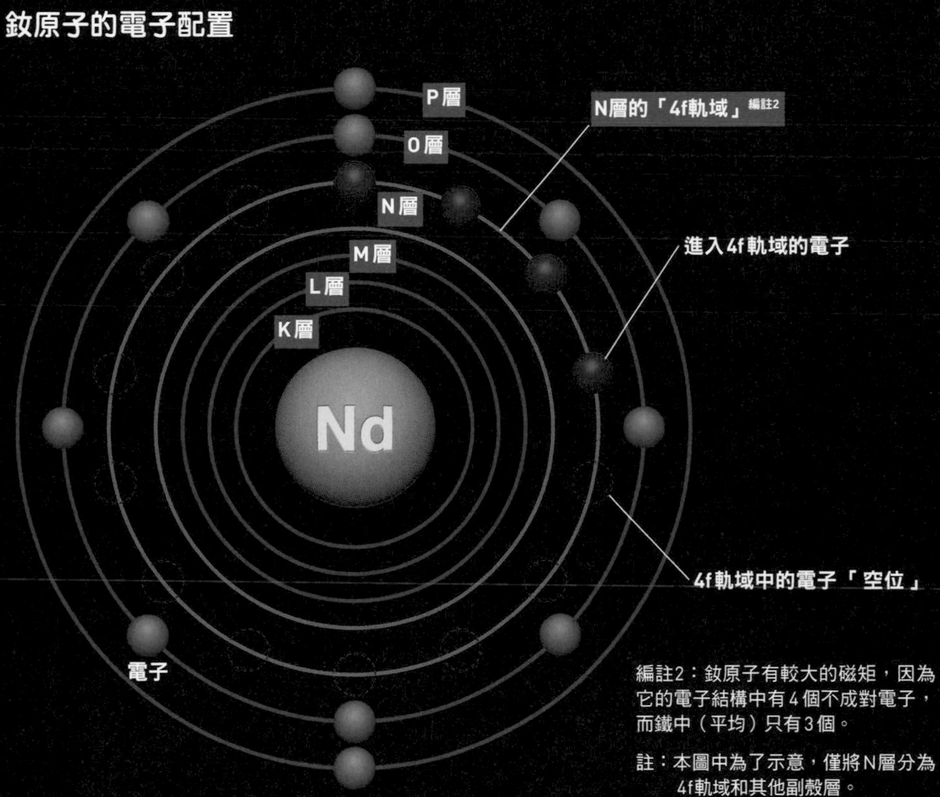


編註2：釹原子有較大的磁矩，因為它的電子結構中有4個不成對電子，而鐵中（平均）只有3個。

註：本圖中為了示意，僅將N層分為4f軌域和其他副殼層。

### 鑭系元素在內側電子殼層中留有空位

上圖所示為鑭系元素的成員之一「釹」（Nd）的電子配置。儘管鑭系元素的N層有空位，但電子優先進入外側的O層和P層。隨著原子序的增加，電子才逐漸進入N層的副殼層（4f軌域）。

占據週期表大部分的金屬元素

# 存在於金屬和非金屬之間的半導體

## 以導電性為基準對元素進行分類

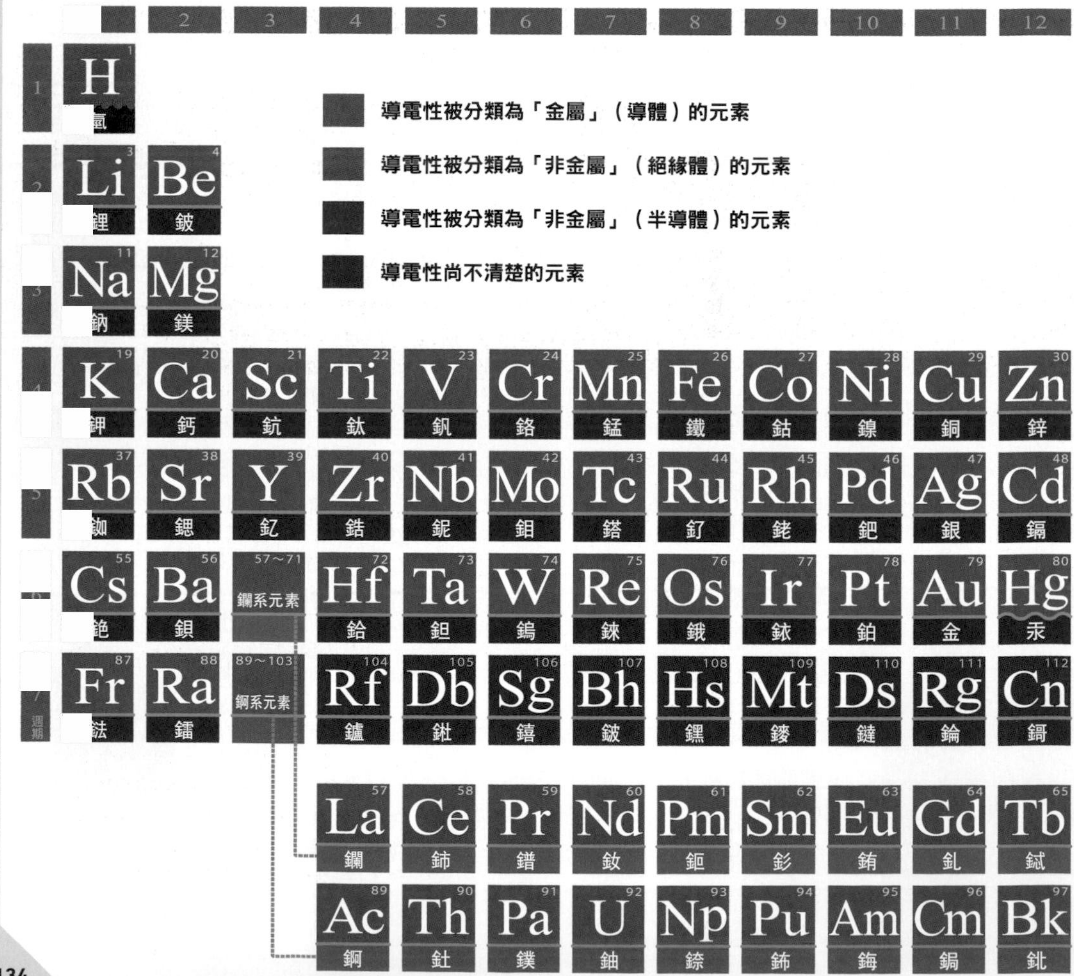

**元**素的分類通常是基於是否具有典型金屬性質，將其分為金屬或非金屬。然而，**若以導電性為基準，便可在金屬和非金屬之間，分出另一個性質在金屬與非金屬「中間」的類別**。

例如原子序32的鍺（Ge），若根據是否具有典型金屬性質來分類的話，是屬於金屬。但實際上，鍺的導電性並不如金屬那樣強。另外，金屬一般在低溫下導電性增強，然而鍺在高溫下更容易傳導電流。

具有和鍺類似性質的元素或化合物被稱為「半導體」。若以導電性為基準，像鍺這樣的半導體會被歸類為非金屬。

因此，金屬和非金屬之間的界線，會因為分類的基準而有所不同。

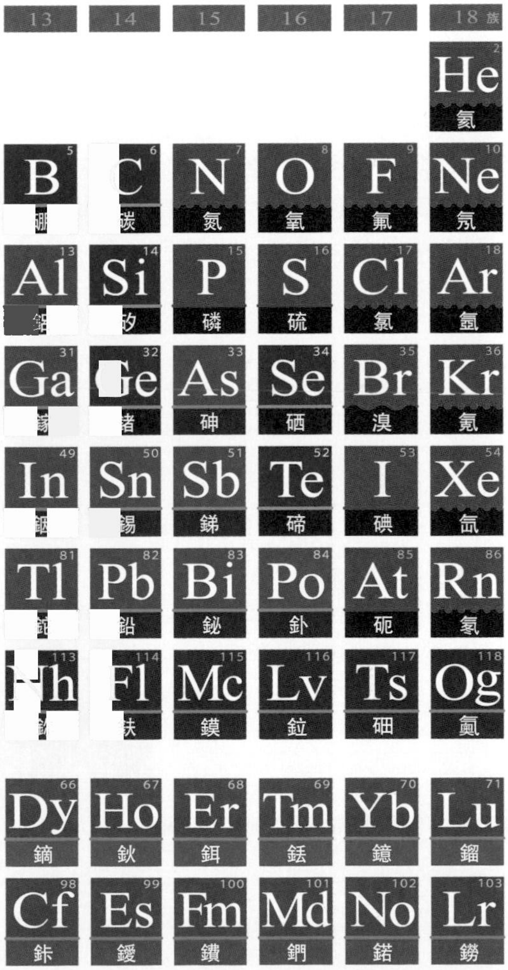

| 13 | 14 | 15 | 16 | 17 | 18 族 |
|---|---|---|---|---|---|
| | | | | | 2 He 氦 |
| 5 B 硼 | 6 C 碳 | 7 N 氮 | 8 O 氧 | 9 F 氟 | 10 Ne 氖 |
| 13 Al 鋁 | 14 Si 矽 | 15 P 磷 | 16 S 硫 | 17 Cl 氯 | 18 Ar 氬 |
| 31 Ga 鎵 | 32 Ge 鍺 | 33 As 砷 | 34 Se 硒 | 35 Br 溴 | 36 Kr 氪 |
| 49 In 銦 | 50 Sn 錫 | 51 Sb 銻 | 52 Te 碲 | 53 I 碘 | 54 Xe 氙 |
| 81 Tl 鉈 | 82 Pb 鉛 | 83 Bi 鉍 | 84 Po 釙 | 85 At 砈 | 86 Rn 氡 |
| 113 Nh 鉨 | 114 Fl 鈇 | 115 Mc 鏌 | 116 Lv 鉝 | 117 Ts 鿬 | 118 Og 鿫 |
| 66 Dy 鏑 | 67 Ho 鈥 | 68 Er 鉺 | 69 Tm 銩 | 70 Yb 鐿 | 71 Lu 鎦 |
| 98 Cf 鉲 | 99 Es 鑀 | 100 Fm 鐨 | 101 Md 鍆 | 102 No 鍩 | 103 Lr 鐒 |

**根據導電性，將金屬與非金屬分別進行著色的週期表**

「金屬」（導體）表示能傳導電流的元素；「非金屬」（絕緣體）表示不能傳導電流的元素；「非金屬」（半導體）表示導電性不如金屬強，且在高溫下導電性增強的元素。

註1：著色基於日本宇宙航空研究開發機構（JAXA）宇宙科學研究所的岡田純平助理教授（現為日本東北大學金屬材料研究所副教授）等人的研究團隊於2015年4月發表的研究成果「硼是否會在融化時變成金屬？」中的週期表。

註2：碳（C）在「鑽石」的狀態下是一種不傳導電流的非金屬（絕緣體或半導體），而在「石墨」的狀態下卻是能傳導電流的金屬（導體）。磷（P）在「白磷」、「紅磷」、「紫磷」中是不傳導電流的非金屬（絕緣體），而在「黑磷」中是傳導電流的金屬（導體）。

註3：碳（C）在形成「奈米碳管」（由碳製成的極小管狀物質）時可能成為半導體或金屬。矽（Si）和鍺（Ge）是典型的半導體。硒（Se）形成「灰硒」時，以及碲（Te）形成「碲晶體」時為半導體。錫（Sn）形成「α錫」時，以及鉍（Bi）形成薄膜狀時為半導體。

占據週期表大部分的金屬元素

# 現存元素到底能排到第幾號

## 雖然透過計算能拓展週期表，實際上能否創造出新元素卻不得而知

原子序113、115、117和118這4種元素於2015年底正式獲得認定，也將週期表的第7週期填滿了。然而，這並不代表週期表已經完成。

下面是根據理論計算推導出的，直至「原子序172」為止的元素週期表。從這個表中可以看出，原子序138之後的下一個是141，而139和140則位於相當遠的位置（第13和第14族）。與第7週期之前的元素不同，在這裡原子序可能前後來回跳動。

在週期表的橫排（週期）中，以同一殼層為最外側殼層的元素排在一起。另外，在直行（族）

### 第8週期有50個元素!?

芬蘭赫爾辛基大學的皮克教授（Pekka Pyykkö，1941～）於2011年發表了包含原子序172元素的週期表，並且第8週期的元素以R層為最外側殼層。他認為原子序121～138的元素會往內跳躍三個電子殼層（O層的5g軌域）並填入電子。然而這僅僅是理論上計算的結果，尚不清楚這些元素是否真的能存在於世界上。

| | 1族 | 2族 |
|---|---|---|
| 1週期 | 1 H | |
| 2週期 | 3 Li | 4 Be |
| 3週期 | 11 Na | 12 Mg |
| 4週期 | 19 K | 20 Ca |
| 5週期 | 37 Rb | 38 Sr |
| 6週期 | 55 Cs | 56 Ba |
| 7週期 | 87 Fr | 88 Ra |
| 8週期 | 119 | 120 |
| 9週期 | 165 | 166 |

3族

57 La　58 Ce　59 Pr　60 Nd

89 Ac　90 Th　91 Pa　92 U

8週期：119　120　121　122　123　124　125　126　127　128　129　130　131　132　133　134　135　136　137　138　141　142　143　144

中，排列著以相同方式填滿副殼層（s軌域、p軌域……等）的元素。預測原子序139元素的電子配置時，我們得出其應分類在第13族的結論。隨著原子序增加，副殼層的數量變多，電子進入副殼層的順序也變得愈來愈複雜，因此元素的排列順序也變得複雜。

**由於原子核愈大，性質也愈不穩定，我們無法確定元素能排到第幾號**。此外，原子序104以後的「超重元素」（superheavy element）雖然能透過人工合成產生，但能製造出的數量極少，而且往往在一瞬間就崩解，因此難以研究其熔點和沸點等性質。目前包含利用少量原子推測性質的研究正在進行中。

不過我們也已經發現，原子核在某些特定的質子數和中子數時會處於特別穩定的狀態。這樣的質子數或中子數被稱為「魔數」（magic number），已知的有2、8、20、28、50、82，具有這些質子數或中子數的同位素（質子數相同但中子數不同的原子）性質相對穩定（壽命較長）。

**事實上，數字「126」也被認為是魔數中的一個，這也就是說第126號元素可能具有相對較長的壽命**。如果能合成出第126號元素，可能有望解開超重元素的神祕性質。

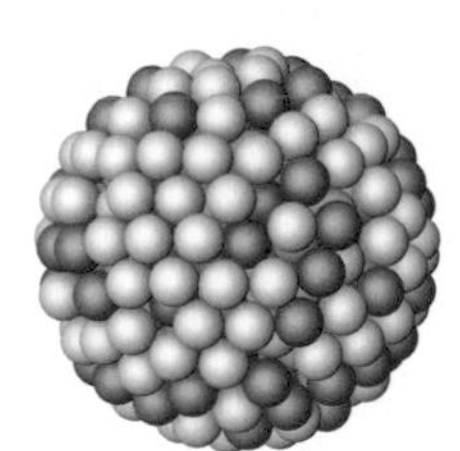

**126號元素（未發現）**
**質子：126個**
**中子：約193個？**

| | | | | | | | | | | | | | | | | | | | | | | | |
|---|---|---|---|---|---|---|---|---|---|---|---|---|---|---|---|---|---|---|---|---|---|---|---|
| | | | | | | | | | | | | | | | | | | | | | | | 18族 |
| | | | | | | | | | | | | | | | | | | | | | | | 2 He |
| | | | | | | | | | | | | | | | | | | 13族 | 14族 | 15族 | 16族 | 17族 | |
| | | | | | | | | | | | | | | | | | | 5 B | 6 C | 7 N | 8 O | 9 F | 10 Ne |
| | | | | | | | | 3族 | 4族 | 5族 | 6族 | 7族 | 8族 | 9族 | 10族 | 11族 | 12族 | 13 Al | 14 Si | 15 P | 16 S | 17 Cl | 18 Ar |
| | | | | | | | | 21 Sc | 22 Ti | 23 V | 24 Cr | 25 Mn | 26 Fe | 27 Co | 28 Ni | 29 Cu | 30 Zn | 31 Ga | 32 Ge | 33 As | 34 Se | 35 Br | 36 Kr |
| 3族 | | | | | | | | 39 Y | 40 Zr | 41 Nb | 42 Mo | 43 Tc | 44 Ru | 45 Rh | 46 Pd | 47 Ag | 48 Cd | 49 In | 50 Sn | 51 Sb | 52 Te | 53 I | 54 Xe |
| 63 Eu | 64 Gd | 65 Tb | 66 Dy | 67 Ho | 68 Er | 69 Tm | 70 Yb | 71 Lu | 72 Hf | 73 Ta | 74 W | 75 Re | 76 Os | 77 Ir | 78 Pt | 79 Au | 80 Hg | 81 Tl | 82 Pb | 83 Bi | 84 Po | 85 At | 86 Rn |
| 95 Am | 96 Cm | 97 Bk | 98 Cf | 99 Es | 100 Fm | 101 Md | 102 No | 103 Lr | 104 Rf | 105 Db | 106 Sg | 107 Bh | 108 Hs | 109 Mt | 110 Ds | 111 Rg | 112 Cn | 113 Nh | 114 Fl | 115 Mc | 116 Lv | 117 Ts | 118 Og |
| 147 | 148 | 149 | 150 | 151 | 152 | 153 | 154 | 155 | 156 | 157 | 158 | 159 | 160 | 161 | 162 | 163 | 164 | 139 | 140 | 169 | 170 | 171 | 172 |
| | | | | | | | | | | | | | | | | | | 167 | 168 | | | | |

Column

Coffee Break

# 捲筒狀或樹狀的奇妙週期表

到目前為止，我們所看到的週期表都是大家在學校課堂中見過的樣子。然而，除此之外其實還存在一些非常獨特的週期表。

例如在目前為止的週期表中，第 1 週期的第 1 族和第18族之間，以及第2～3週期的第 2 族和第13族之間存在空隙。**這些元素之間本應該是連接在一起的，因此有人提倡應該將它們連接，讓週期表變成捲筒狀**（如左圖）。

除此之外，還存在著立體的週期表。**這是透過將同一週期的元素放在平面上，並層層向上堆疊而成**。從上往下觀看時，能看到同一族的元素自上而下貫穿整個週期表（如右圖）。

在未來，或許還會出現各種能彌補當前週期表缺陷的新型週期表。

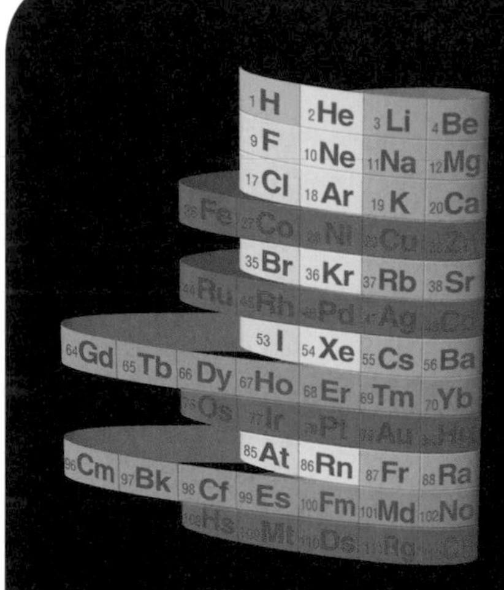


**無縫連接的週期表**

上圖是將第 1 週期的第1族到第18族，以及第2～3週期的Mg和Al等本應該連接在一起的所有元素，連接成一個捲筒狀的週期表。從這個週期表中可以看出，性質相似的第 2 族（例如Ca等）和第12族（例如Cd等）排在同一個直行上。此立體週期表稱為「Elementouch」，是由日本京都大學前野悅輝（1957～）教授提出。

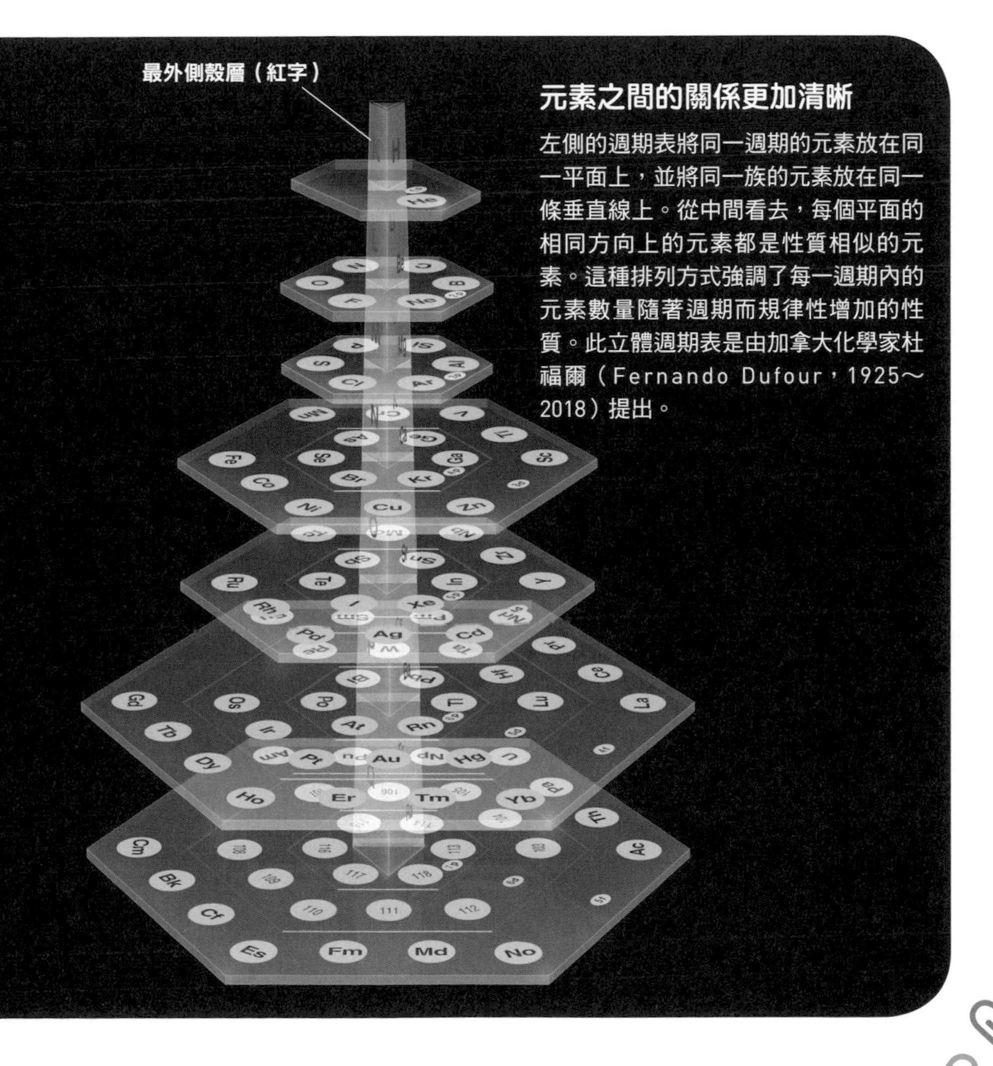


## 元素之間的關係更加清晰

左側的週期表將同一週期的元素放在同一平面上，並將同一族的元素放在同一條垂直線上。從中間看去，每個平面的相同方向上的元素都是性質相似的元素。這種排列方式強調了每一週期內的元素數量隨著週期而規律性增加的性質。此立體週期表是由加拿大化學家杜福爾（Fernando Dufour，1925～2018）提出。

# 後記

本書「週期表」至此告一段落。不知你的感想如何？

自古以來，人類便不停地探討世界上所有「事物」如何組成，包括石頭、金屬、空氣和水等，最終抵達了元素的境界。先人們也曾經為了如何整理和理解這些元素而費盡心思。

然後，大約150年前，俄羅斯化學家門得列夫提出的「週期表」成為元素分類表的新標竿。

截至目前為止，人類發現的元素已經達到118種。在最新的週期表中，透過從縱向或橫向來觀察，我們可以了解元素的特徵和共通點。

若本書能成為你對化學產生興趣的契機，將是我們的榮幸。

| | I | II | III | IV | V | VI | VII | VIII | | |
|---|---|---|---|---|---|---|---|---|---|---|
| 1 | H =1 | | | | | | | | | |
| 2 | Li =7 | Be =9.4 | B =11 | C =12 | N =14 | O =16 | F =19 | | | |
| 3 | Na =23 | Mg =24 | Al =27.3 | Si =28 | P =31 | S =32 | Cl =35.5 | | | |
| 4 | K =39 | Ca =40 | ? =44 | Ti =48 | V =51 | Cr =52 | Mn =55 | Fe =56 | Co =59 | Ni =59 |
| 5 | Cu =63 | Zn =65 | ? =68 | ?* =72 | As =75 | Se =78 | Br =80 | | | |
| 6 | Rb =85 | Sr =87 | Yt =88 | Zr =90 | Nb =94 | Mo =96 | ? =100 | Ru =104 | Rh =104 | Pd =106 |
| 7 | Ag =108 | Cd =112 | In =113 | Sn =118 | Sb =122 | Te =125 | J =127 | | | |
| 8 | Cs =133 | Ba =137 | Di =138 | Ce =140 | ? | — | ? | — | — | — |
| 9 | — | — | — | — | — | — | — | | | |
| 10 | ? | — | Er =178 | La =180 | Ta =182 | W =184 | — | Os =195 | Ir =197 | Pt =198 |
| 11 | Au =199 | Hg =200 | Tl =204 | Pb =207 | Bi =208 | — | — | | | |
| 12 | ? | — | — | Th =231 | — | U =240 | — | — | — | — |

## 《新觀念伽利略－週期表》「十二年國教課綱自然科學領域學習內容架構表」

第一碼：高中（國中不分科）科目代碼B（生物）、C（化學）、E（地科）、P（物理）＋主題代碼（A～N）＋次主題代碼（a～f）。

| 主題 | 次主題 |
|---|---|
| 物質的組成與特性（A） | 物質組成與元素的週期性（a）、物質的形態、性質及分類（b） |
| 能量的形式、轉換及流動（B） | 能量的形式與轉換（a）、溫度與熱量（b）、生物體內的能量與代謝（c）、生態系中能量的流動與轉換（d） |
| 物質的結構與功能（C） | 物質的分離與鑑定（a）、物質的結構與功能（b） |
| 生物體的構造與功能（D） | 細胞的構造與功能（a）、動植物體的構造與功能（b）、生物體內的恆定性與調節（c） |
| 物質系統（E） | 自然界的尺度與單位（a）、力與運動（b）、氣體（c）、宇宙與天體（d） |
| 地球環境（F） | 組成地球的物質（a）、地球與太空（b）、生物圈的組成（c） |
| 演化與延續（G） | 生殖與遺傳（a）、演化（b）、生物多樣性（c） |
| 地球的歷史（H） | 地球的起源與演變（a）、地層與化石（b） |
| 變動的地球（I） | 地表與地殼的變動（a）、天氣與氣候變化（b）、海水的運動（c）、晝夜與季節（d） |
| 物質的反應、平衡及製造（J） | 物質反應規律（a）、水溶液中的變化（b）、氧化與還原反應（c）、酸鹼反應（d）、化學反應速率與平衡（e）、有機化合物的性質、製備及反應（f） |
| 自然界的現象與交互作用（K） | 波動、光及聲音（a）、萬有引力（b）、電磁現象（c）、量子現象（d）、基本交互作用（e） |
| 生物與環境（L） | 生物間的交互作用（a）、生物與環境的交互作用（b） |
| 科學、科技、社會及人文（M） | 科學、技術及社會的互動關係（a）、科學發展的歷史（b）、科學在生活中的應用（c）、天然災害與防治（d）、環境汙染與防治（e） |
| 資源與永續發展（N） | 永續發展與資源的利用（a）、氣候變遷之影響與調適（b）、能源的開發與利用（c） |

第二碼：學習階段以羅馬數字表示，I（國小1-2年級）；II（國小3-4年級）；III（國小5-6年級）；IV（國中）；V（Vc高中必修，Va高中選修）。

第三碼：學習內容的阿拉伯數字流水號。

| 頁碼 | 單元名稱 | 階段/科目 | 十二年國教課綱自然科學領域學習內容 |
|---|---|---|---|
| 010 | 包含了118種元素的「最新週期表」 | 國中/理化 | Aa-IV-2 原子量與分子量是原子、分子之間的相對質量。<br>Aa-IV-4 元素的性質有規律性和週期性。<br>Aa-IV-5 元素與化合物有特定的化學符號表示法。 |
| | | 高中/化學 | CAa-Vc-3 元素依原子序大小順序，有規律的排列在週期表上。<br>CAa-Va-5 元素的電子組態和性質息息相關，且可在週期表呈現出其週期性變化。<br>CAb-Va-4 週期表中的分類。 |
| 012 | 一切皆可還原為「元素」 | 國中/理化 | Cb-IV-2 元素會因原子排列方式不同而有不同的特性。<br>INc-IV-5 原子與分子是組成生命世界與物質世界的微觀尺度。 |
| 014 | 元素們各有獨特的性格？ | 國中/理化 | Aa-IV-4 元素的性質有規律性和週期性。 |
| | | 高中/化學 | CAa-Vc-3 元素依原子序大小順序，有規律的排列在週期表上。 |
| 016 | 從卡牌遊戲誕生出「週期表」 | 國中/理化 | Mb-IV-2 科學史上重要發現的過程，以及不同性別、背景、族群者於其中的貢獻。 |
| | | 高中/化學 | CMb-Vc-1 近代化學科學的發展，以及不同性別、背景、族群者於其中的貢獻。 |
| 020 | 根據原子中所含的質子數量排列 | 國中/理化 | Aa-IV-1 原子模型的發展。<br>Cb-IV-1 分子與原子。 |
| | | 高中/化學 | CAa-Va-1 原子的結構是原子核在中間，電子會存在於不同能階。<br>CAa-Vc-3 元素依原子序大小順序，有規律的排列在週期表上。 |
| 022 | 為何存在「非整數」的原子量 | 國中/理化 | CAa-Vc-4 同位素。 |
| 024 | 原子的電子存在於不同的分層中 | 高中/化學 | CAa-Va-1 原子的結構是原子核在中間，電子會存在於不同能階。<br>CAa-Va-3 多電子原子的電子與其軌域。<br>CAa-Va-4 原子的電子組態的填入規則。 |
| 044 | 元素和原子有何不同？ | 國中/理化 | Cb-IV-1 分子與原子。 |
| | | 高中/化學 | CAa-Vc-1 拉瓦節提出物質最基本的組成是元素。 |
| 048 | 元素的特性由「電子」決定 | 高中/化學 | CAa-Va-1 原子的結構是原子核在中間，電子會存在於不同能階。<br>CAa-Va-3 多電子原子的電子與其軌域。<br>CAa-Va-4 原子的電子組態的填入規則。<br>CAa-Va-5 元素的電子組態和性質息息相關，且可在週期表呈現出其週期性變化。 |
| 050 | 「橫」排的元素具有共通點 | 國中/理化 | Aa-IV-4 元素的性質有規律性和週期性。 |
| | | 高中/化學 | CAa-Va-5 元素的電子組態和性質息息相關，且可在週期表呈現出其週期性變化。 |
| 052 | 「直」行的元素具有相似的性質 | 高中/化學 | CAa-Va-5 元素的電子組態和性質息息相關。 |
| 060 | 第3～11族是性質相似的大家族 | 高中/化學 | CAa-Va-3 多電子原子的電子與其軌域。 |

| | | | |
|---|---|---|---|
| 062 | 放出輻射而衰變的「錒系元素」 | 高中/物理 | PKe-Va-2 不穩定的原子核會經由放射性時間釋放能量或轉變為其他的原子核。 |
| 064 | 擁有特殊性質的「鈦族元素」 | 高中/物理 | PNc-Vc-2 核能發電與輻射安全。 |
| 066 | 形成耐熱合金的「釩族元素」 | 高中/化學 | CMc-Va-3 常見合金之性質與用途。 |
| 068 | 形成「堅硬金屬」的「鉻族元素」 | 高中/化學 | CMc-Va-3 常見合金之性質與用途。 |
| 072 | 由人工製造的元素們 | 高中/物理 | PKe-Va-2 不穩定的原子核會經由放射性時間釋放能量或轉變為其他的原子核。 |
| 074 | 推動人類文明發展的「鐵族元素」 | 高中/化學 | CMc-Va-2 常見金屬及重要的化合物之製備、性質及用途。<br>CMc-Va-3 常見合金之性質與用途。 |
| 076 | 支撐社會的催化劑「鉑族元素」 | 國中/理化 | INg-IV-6 新興科技的發展對自然環境的影響。 |
| 078 | 具有高性能的「銅族元素」 | 高中/化學 | CMc-Va-2 常見金屬及重要的化合物之製備、性質及用途。 |
| 080 | 對人體既必需又有害的「鋅族元素」 | 國中/理化 | Me-IV-5 重金屬汙染的影響。<br>Na-IV-5 各種廢棄物對環境的影響。 |
| | | 高中/化學 | CMa-Vc-1 化學製造流程對日常生活、社會、經濟、環境及生態的影響。<br>CMe-Vc-4 工業廢水的影響。 |
| 082 | 藍色LED中的關鍵「硼族元素」 | 高中/化學 | CAb-Vc-2 元素可依特性分為金屬、類金屬及非金屬。 |
| 084 | IT社會中不可或缺的「碳族元素」 | 高中/化學 | CAb-Vc-2 元素可依特性分為金屬、類金屬及非金屬。<br>CMc-Va-2 常見金屬及重要的化合物之製備、性質及用途。<br>CMc-Va-3 常見合金之性質與用途。 |
| 090 | 激烈反應形成「鹽」的「鹵素」 | 高中/化學 | CMc-Va-4 常見非金屬與重要的化合物之製備、性質及用途。 |
| 098 | 釋放電子形成「陽離子」 | 高中/化學 | CAa-Va-4 原子的電子組態的填入規則。 |
| 100 | 接收電子形成「陰離子」 | 高中/化學 | CAa-Va-4 原子的電子組態的填入規則。 |
| 102 | 食鹽的顆粒是離子的晶體 | 高中/化學 | CAb-Vc-3 化合物可依組成與性質不同，分為離子化合物與分子化合物。 |
| 106 | 愈靠週期表左下方的元素，愈容易形成陽離子 | 高中/化學 | CAa-Va-5 元素的電子組態和性質息息相關，且可在週期表呈現出其週期性變化。 |
| 108 | 愈靠週期表右上方的元素，愈容易形成陰離子 | 高中/化學 | CAa-Va-5 元素的電子組態和性質息息相關，且可在週期表呈現出其週期性變化。 |
| 112 | 離子大活躍——電池的前身「伏打電池」 | 國中/理化 | Jc-IV-6 化學電池的放電與充電。 |
| | | 高中/化學 | CJc-Va-5 電化電池的原理。<br>CJc-Va-7 常見電池的原理與設計。 |
| 114 | 各種離子發揮作用的「碳鋅電池」 | 國中/理化 | Jc-IV-5 鋅銅電池實驗認識電池原理。<br>Jc-IV-6 化學電池的放電與充電。 |
| | | 高中/化學 | CJc-Va-5 電化電池的原理。<br>CJc-Va-7 常見電池的原理與設計。 |
| 118 | 週期表孕育出電池新材料 | 國中/理化 | Jc-IV-6 化學電池的放電與充電。 |
| | | 高中/化學 | CJc-Va-5 電化電池的原理。<br>CJc-Va-7 常見電池的原理與設計。 |
| 132 | 具有獨特性質的重要元素「稀土元素」 | 高中/化學 | CMc-Va-3 常見合金之性質與用途。 |
| 134 | 存在於金屬和非金屬之間的半導體 | 高中/化學 | CAb-Vc-2 元素可依特性分為金屬、類金屬及非金屬。 |

**Staff**

Editorial Management 木村直之
Cover Design 岩本陽一
Design Format 宮川愛理
Editorial Staff 小松研吾，谷合 稔

**Photograph**

31 【プロメテウス】matiasdelcarmine/stock.adobe.com
34 imfotograf/stock.adobe.com, vvoe/stock.adobe.com
47 Albert Russ/Shutterstock.com, Андрей Береза/stock.adobe.com
56-57 Albert Russ/Shutterstock.com
62 marcel/stock.adobe.com
65 antonmatveev/stock.adobe.com
67 Alexandr Mitiuc/stock.adobe.com, Minakryn Ruslan/stock.adobe.com
69 gumbao/stock.adobe.com, Artinun/stock.adobe.com
71 cesiumatom/stock.adobe.com, 【周期表】public domain, Source: Supplement to the Chemical News, Dec 10, 1909 (hover to find it), 許諾調査協力：Cynet Photo
74-75 Kruwt/stock.adobe.com
78 SeanPavonePhoto/stock.adobe.com
resimone75/stock.adobe.com
79 golubovy/stock.adobe.com
84 naka/stock.adobe.com, tcsaba/stock.adobe.com
86 Minakryn Ruslan/stock.adobe.com
88-89 Андрей Береза/stock.adobe.com
90-91 Elena Petrova/stock.adobe.com
92-93 Sebastian/stock.adobe.com
93 CoolimagesCo/stock.adobe.com
103 image360/stock.adobe.com
121 tiero/stock.adobe.com

**Illustration**

表紙カバー Newton Press
表紙 Newton Press
2 Newton Press
7 Newton Press
9〜23 Newton Press
24〜27 加藤愛一
28-29 Newton Press
31 【アインシュタイン】山本 匠
32 Newton Press（地図のデータ:Reto Stöckli, Nasa Earth Observatory）
33 Newton Press
36〜45 Newton Press
47 Newton Press
48〜53 Newton Pres
54-55 Newton Press（地図のデータ:Reto Stöckli, Nasa Earth Observatory）
57 Newton Press
58-59 Newton Press（PDB ID CLA, credit①）
60〜66 Newton Press
68 Newton Press
70 Newton Press
72-73 Newton Press
75 Newton Press
76〜77 Newton Press（分子:credit①）
79 Newton Press
80〜81 荻野瑶海・Newton Press
82-83 Newton Press
85 Newton Press（セルロース：日本化学物質辞書J-GLOBAL, credit①, DNA：credit①）
87 Newton Press（ATP:credit①）
89 Newton Press
91 Newton Press
93 Newton Press
94-95 Newton Press
97 加藤愛一, Newton Press
98〜101 加藤愛一
103〜111 Newton Press
113, 115 吉原成行（硫酸イオンの3Dモデル：日本蛋白質構造データバンク（PDBj），アンモニウムイオンの3Dモデル：日本蛋白質構造データバンク（PDBj））
116〜119 Newton PressNewton Press
121〜127 Newton Press
128-129 吉原成行
130〜141 Newton Press
credit① ePMV (Johnson, G.T. and Autin, L., Goodsell, D.S., Sanner, M.F., Olson, A.J. (2011). ePMV Embeds Molecular Modeling into Professional Animation Software Environments. Structure 19, 293-303)

【新觀念伽利略08】

# 週期表
## 隱藏在元素排列中的法則

作者／日本Newton Press
執行副總編輯／王存立
特約編輯／謝宜珊
翻譯／馬啟軒
發行人／周元白
出版者／人人出版股份有限公司
地址／231028 新北市新店區寶橋路235巷6弄6號7樓
電話／（02）2918-3366（代表號）
傳真／（02）2914-0000
網址／www.jjp.com.tw
郵政劃撥帳號／16402311 人人出版股份有限公司
製版印刷／長城製版印刷股份有限公司
電話／（02）2918-3366（代表號）
香港經銷商／一代匯集
電話／（852）2783-8102
第一版第一刷／2024年8月
定價／新台幣380元
港幣127元

國家圖書館出版品預行編目（CIP）資料

週期表：隱藏在元素排列中的法則
日本Newton Press作；
馬啟軒翻譯. -- 第一版. --
新北市：人人出版股份有限公司, 2024.08
面； 公分. —（新觀念伽利略；8）
ISBN 978-986-461-395-3（平裝）
1.CST：元素 2.CST：元素週期表

348.21 113007508

14SAI KARA NO NEWTON CHO EKAI BON SHUKIHYO